사고력 수학 소마가 개발한 연산학습의 새 기준!!

소마의 **마**술같은 원리**셈**

소마셈

P7

7세 · 1학년

수학이 즐거워지는 특별한 수학교실
소마에서 개발한 연산교재 소마셈

소마셈

2002년 대치소마 개원 이후로 끊임없는 교재 연구와 교구의 개발은 소마의 자랑이자 자부심입니다.
교구, 게임, 토론 등의 다양한 활동식 수업으로 스스로 문제해결능력을 키우고, 아이들이 수학에 대한 흥미와 자신감을 가질 수 있도록 차별성 있는 수업을 해 온 소마에서 연산 학습의 새로운 패러다임을 제시합니다.

연산 교육의 현실

연산 교육의 가장 큰 폐해는 '초등 고학년 때 연산이 빠르지 않으면 고생한다.'는 기존 연산 학습지의 왜곡된 마케팅으로 인해 단순 반복을 통한 기계적 연산을 강조하는 것입니다. 하지만, 기계적 반복을 위주로 하는 연산은 개념과 원리가 빠진 연산 학습으로써 아이들이 수학을 싫어하게 만들 뿐 아니라 사고의 확장을 막는 학습방법입니다.

초등수학 교과과정과 연산

초등교육과정에서는 문자와 기호를 사용하지 않고 말로 풀어서 연산의 개념과 원리를 설명하다가 중등교육과정부터 문자와 기호를 사용합니다. 교과서를 살펴보면 모든 연산의 도입에 원리가 잘 설명되어 있습니다. 요즘 현실에서는 연산의 원리를 묻는 서술형 문제도 많이 출제되고 있는데 연산은 연습이 우선이라는 인식이 아직도 지배적입니다.

연산 학습은 어떻게?

연산 교육은 별도로 떼어내어 추상적인 숫자나 기호만 가지고 다뤄서는 절대로 안됩니다. 구체물을 가지고 생각하고 이해한 후, 연산 연습을 하는 것이 필요합니다. 또한, 속도보다 정확성을 위주로 학습하여 실수를 극복할 수 있는 좋은 습관을 갖추는 데에 초점을 맞춰야 합니다.

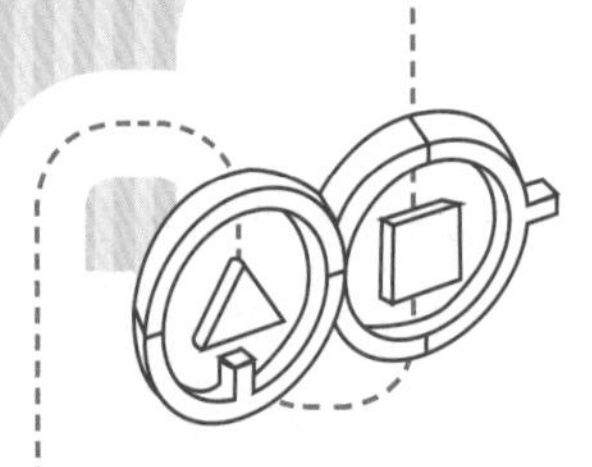

소마셈 연산학습 방법

10이 넘는 한 자리 덧셈 구체물을 통한 개념의 이해

덧셈과 뺄셈의 기본은 수를 세는 데에 있습니다. 8+4는 8에서 1씩 4번을 더 센 것이라는 개념이 중요합니다. 10의 보수를 이용한 받아 올림을 생각하면 8+4는 (8+2)+2지만 연산 공부를 시작할 때에는 덧셈의 기본 개념에 충실한 것이 좋습니다. 이 책은 구체물을 통해 개념을 이해할 수 있도록 구체적인 예를 든 연산 문제로 구성하였습니다.

가로셈 가로셈을 통한 수에 대한 사고력 기르기

세로셈이 잘못된 방법은 아니지만 연산의 원리는 잊고 받아 올림한 숫자는 어디에 적어야 하는지만을 기억하여 마치 공식처럼 풀게 합니다. 기계적으로 반복하는 연습은 생각없이 연산을 하게 만듭니다. 가로셈을 통해 원리를 생각하고 수를 쪼개고 붙이는 등의 과정에서 키워질 수 있는 수에 대한 사고력도 매우 중요합니다.

곱셈구구 곱셈도 개념 이해를 바탕으로

곱셈구구는 암기에만 초점을 맞추면 부작용이 큽니다. 곱셈은 덧셈을 압축한 것이라는 원리를 이해하며 구구단을 외움으로써 연산을 빨리 할 수 있다는 것을 알게 해야 합니다. 곱셈구구를 외우는 것도 중요하지만 곱셈의 의미를 정확하게 아는 것이 더 중요합니다. 4×3을 할 줄 아는 학생이 두 자리 곱하기 한 자리는 안 배워서 45×3을 못 한다고 말하는 일은 없도록 해야 합니다.

K단계 (5, 6, 7세) • 연산을 시작하는 단계

뛰어세기, 거꾸로 뛰어세기를 통해 수의 연속한 성질(linearity)을 이해하고 덧셈, 뺄셈을 공부합니다. 각 권의 호흡은 짧지만 일관성 있는 접근으로 자연스럽게 나선형식 반복학습의 효과가 있도록 하였습니다.

학습대상 : 연산을 시작하는 아이와 한 자리 수 덧셈을 구체물(손가락 등)을 이용하여 해결하는 아이

학습목표 : 수와 연산의 튼튼한 기초 만들기

P단계 (7세, 1학년) • 받아올림이 있는 덧셈, 뺄셈을 배울 준비를 하는 단계

5, 6, 9 뛰어세기를 공부하면서 10을 이용한 더하기, 빼기의 편리함을 알도록 한 후, 가르기와 모으기의 집중학습으로 보수 익히기, 10의 보수를 이용한 덧셈, 뺄셈의 원리를 공부합니다.

학습대상 : 받아올림이 없는 한 자리 수의 덧셈을 할 줄 아는 학생

학습목표 : 받아올림이 있는 연산의 토대 만들기

A단계 (1학년) • 초등학교 1학년 교과과정 연산

받아올림이 있는 한 자리 수의 덧셈, 뺄셈은 연산 전체에 매우 중요한 단계입니다. 원리를 정확하게 알고 A1에서 A4까지 총 4권에서 한 자리 수의 연산을 다양한 과정으로 연습하도록 하였습니다.

학습대상 : 초등학교 1학년 수학교과과정을 공부하는 학생

학습목표 : 10의 보수를 이용한 받아올림이 있는 덧셈, 뺄셈

B단계 (2학년) • 초등학교 2학년 교과과정 연산

두 자리, 세 자리 수의 연산을 다룬 후 곱셈, 나눗셈을 다루는 과정에서 곱셈구구의 암기를 확인하기보다는 곱셈구구를 외우는데 도움이 되고, 곱셈, 나눗셈의 원리를 확장하여 사고할 수 있도록 하는데 초점을 맞추었습니다.

학습대상 : 초등학교 2학년 수학교과과정을 공부하는 학생

학습목표 : 덧셈, 뺄셈의 완성 / 곱셈, 나눗셈의 원리를 정확하게 알고 개념 확장

C단계 (3학년) • 초등학교 3, 4학년 교과과정 연산

B단계까지의 소마셈은 다양한 문제를 통해서 학생들이 즐겁게 연산을 공부하고 원리를 정확하게 알게 하는데 초점을 맞추었다면, C단계는 3학년 과정의 큰 수의 연산과 4학년 과정의 혼합 계산, 괄호를 사용한 식 등, 필수 연산의 연습을 충실히 할 수 있도록 하였습니다.

학습대상 : 초등학교 3, 4학년 수학교과과정을 공부하는 학생

학습목표 : 큰 수의 곱셈과 나눗셈, 혼합 계산

D단계 (4학년) • 초등학교 4, 5학년 교과과정 연산

분모가 같은 분수의 덧셈과 뺄셈, 소수의 덧셈과 뺄셈을 공부하여 초등 4학년 과정 연산을 마무리하고 초등 5학년 연산과정에서 가장 중요한 약수와 배수, 분모가 다른 분수의 덧셈과 뺄셈을 충분히 익힐 수 있도록 하였습니다.

학습대상 : 초등학교 4, 5학년 수학교과과정을 공부하는 학생

학습목표 : 분모가 같은 분수의 덧셈과 뺄셈, 소수의 덧셈과 뺄셈, 분모가 다른 분수의 덧셈과 뺄셈

소마셈 단계별 학습내용

K단계 추천연령 : 5, 6, 7세

단계	K1	K2	K3	K4
권별 주제	10까지의 더하기와 빼기 1	20까지의 더하기와 빼기 1	10까지의 더하기와 빼기 2	20까지의 더하기와 빼기 2
단계	K5	K6	K7	K8
권별 주제	10까지의 더하기와 빼기 3	20까지의 더하기와 빼기 3	20까지의 더하기와 빼기 4	7까지의 가르기와 모으기

P단계 추천연령 : 7세, 1학년

단계	P1	P2	P3	P4
권별 주제	30까지의 더하기와 빼기 5	30까지의 더하기와 빼기 6	30까지의 더하기와 빼기 10	30까지의 더하기와 빼기 9
단계	P5	P6	P7	P8
권별 주제	9까지의 가르기와 모으기	10 가르기와 모으기	10을 이용한 더하기	10을 이용한 빼기

A단계 추천연령 : 1학년

단계	A1	A2	A3	A4
권별 주제	덧셈구구	뺄셈구구	세 수의 덧셈과 뺄셈	□가 있는 덧셈과 뺄셈
단계	A5	A6	A7	A8
권별 주제	(두 자리 수)+(한 자리 수)	(두 자리 수)−(한 자리 수)	두 자리 수의 덧셈과 뺄셈	□가 있는 두 자리 수의 덧셈과 뺄셈

B단계 추천연령 : 2학년

단계	B1	B2	B3	B4
권별 주제	(두 자리 수)+(두 자리 수)	(두 자리 수)−(두 자리 수)	세 자리 수의 덧셈과 뺄셈	덧셈과 뺄셈의 활용
단계	B5	B6	B7	B8
권별 주제	곱셈	곱셈구구	나눗셈	곱셈과 나눗셈의 활용

C단계 추천연령 : 3학년

단계	C1	C2	C3	C4
권별 주제	두 자리 수의 곱셈	두 자리 수의 곱셈과 활용	두 자리 수의 나눗셈	세 자리 수의 나눗셈과 활용
단계	C5	C6	C7	C8
권별 주제	큰 수의 곱셈	큰 수의 나눗셈	혼합 계산	혼합 계산의 활용

D단계 추천연령 : 4학년

단계	D1	D2	D3	D4
권별 주제	분모가 같은 분수의 덧셈과 뺄셈(1)	분모가 같은 분수의 덧셈과 뺄셈(2)	소수의 덧셈과 뺄셈	약수와 배수
단계	D5	D6		
권별 주제	분모가 다른 분수의 덧셈과 뺄셈(1)	분모가 다른 분수의 덧셈과 뺄셈(2)		

1

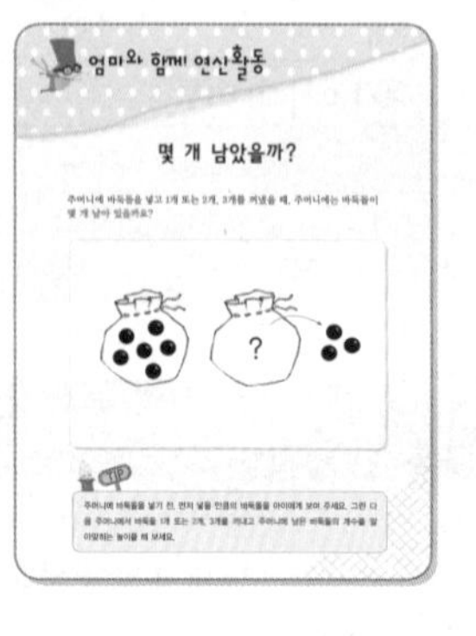

연산활동

연산은 생활에서 자주 접하게 되므로 지면 연습과 더불어 구체물을 이용하여 활동하면 연산을 이해하는 데 도움이 됩니다. 가정에서 엄마가 아이와 대화하면서 재미있고 자연스럽게 연산활동을 합니다.

활동하는 방법 또는 활동에 도움이 되는 내용을 담았습니다.

2

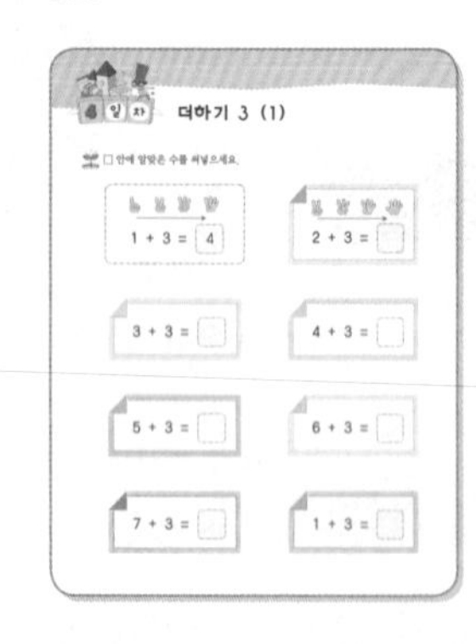
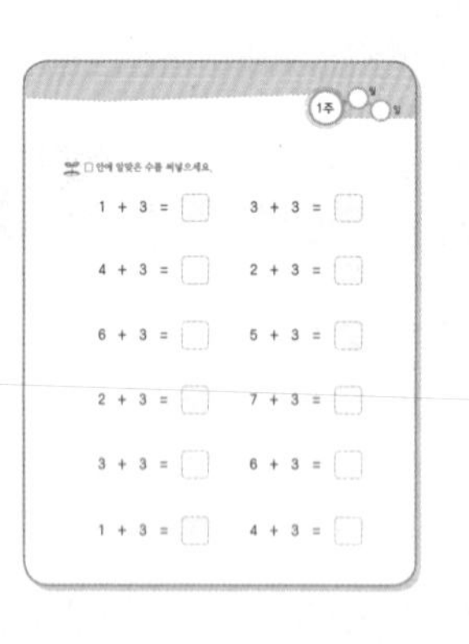

원리 & 연습

구체물 또는 그림을 통해 연산의 원리를 쉽게 이해하고, 원리의 이해를 바탕으로 연산이 익숙해지도록 연습합니다.

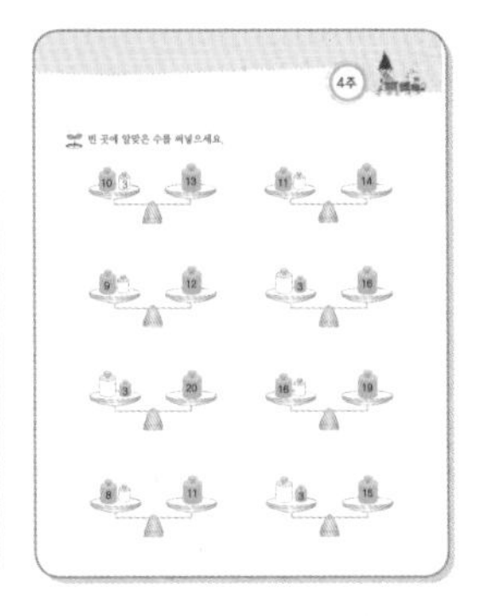

사고력 연산

반복적인 연산에서 나아가 배운 원리를 활용하여 확장된 문제를 해결합니다. 어려운 문제를 싣기보다 다양한 생각을 할 수 있는 내용으로 구성하였습니다.

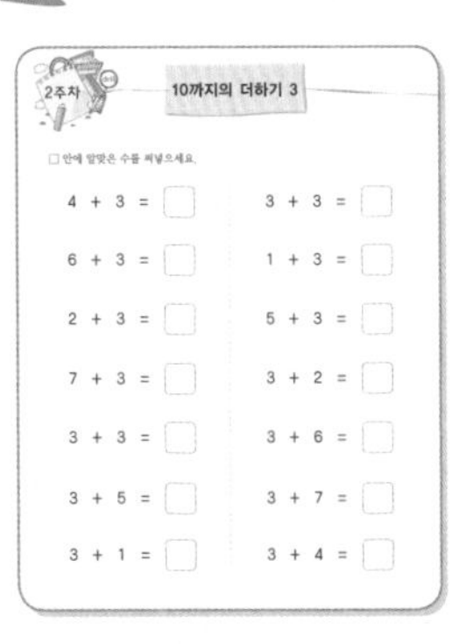

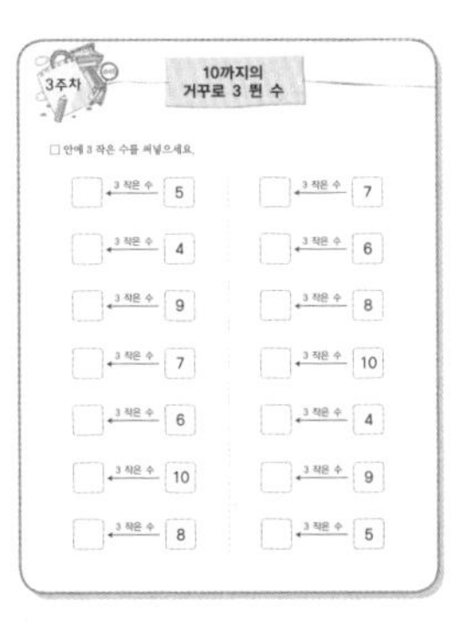

Drill (보충학습)

주차별 주제에 대한 연습이 더 필요한 경우 보충학습을 활용합니다.

엄마와 함께 연산 활동

수를 갈라 10 만들기

수를 갈라서 10을 만든 다음 더하기를 해 보세요.

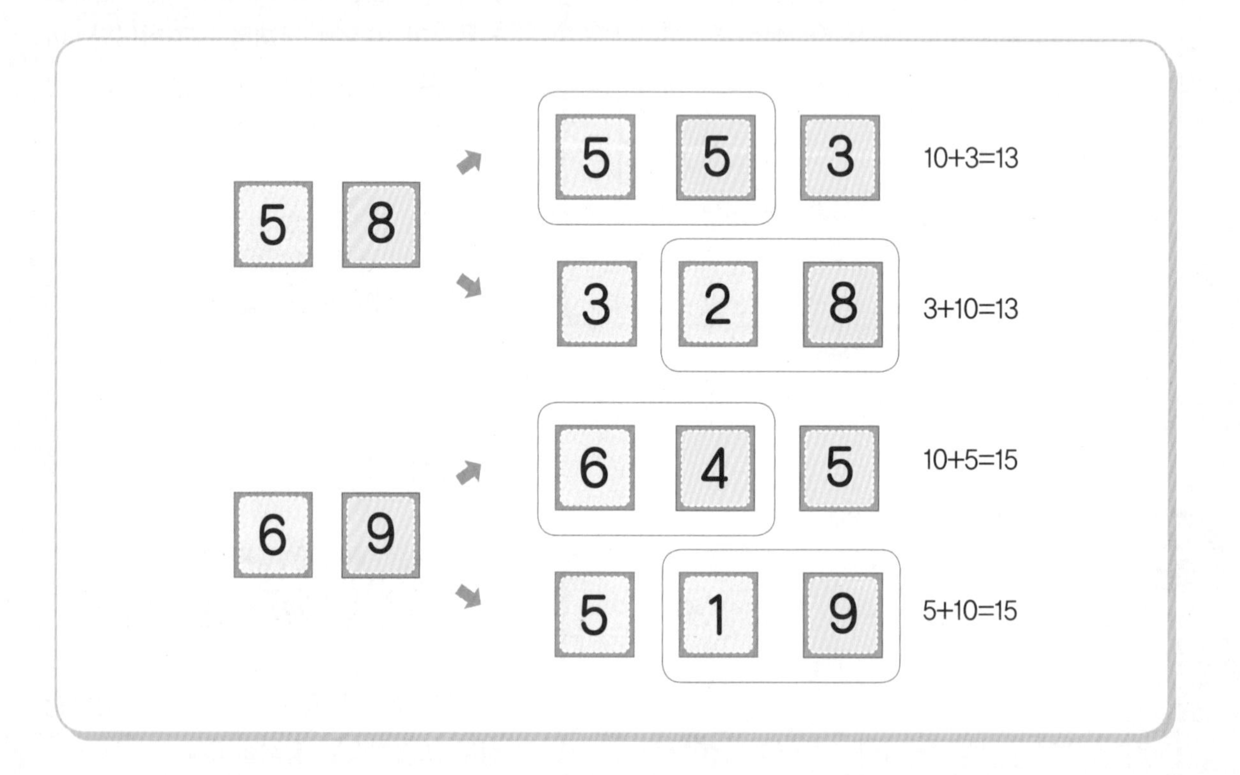

더해서 10이 넘는 두 수를 아이에게 보여 주고, 두 수 중 한 수를 갈라 10이 되도록 만들어 보세요. 5에서 10이 되려면 5가 더 필요하므로 8을 5와 3으로 가릅니다. 또한 8에서 10이 되려면 2가 더 필요하므로 5를 2와 3으로 가릅니다. 이러한 방법으로 10을 만들어 더하기를 해 보세요.

소마셈 P7 - 1주차

10에서 더하기

합이 10인 더하기 (1)

수 구슬이 모두 10개가 되도록 ○를 그리고, □ 안에 알맞은 수를 써넣으세요.

$6 + \square = 10$

$3 + \square = 10$

$\square + 5 = 10$

$\square + 8 = 10$

□ 안에 알맞은 수를 써넣으세요.

□ + 2 = 10

5 + □ = 10

4 + □ = 10

9 + □ = 10

□ + 3 = 10

□ + 7 = 10

1 + □ = 10

□ + 8 = 10

□ + 6 = 10

7 + □ = 10

합이 10인 더하기는 가르기와 모으기를 통해 익힌 10의 보수 개념을 바탕으로 받아올림이 있는 덧셈을 익히는데 기초가 됩니다.

합이 10인 더하기 (2)

□ 안에 알맞은 수를 써넣으세요.

3 + □ = 10

□ + 4 = 10

7 + □ = 10

1 + □ = 10

□ + 2 = 10

□ + 9 = 10

□ + 5 = 10

6 + □ = 10

8 + □ = 10

□ + 7 = 10

□ + 3 = 10

2 + □ = 10

올바른 계산 결과가 되도록 길을 그려 보세요.

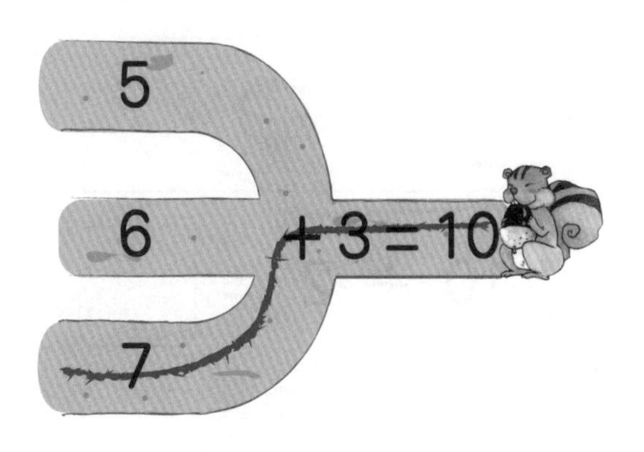

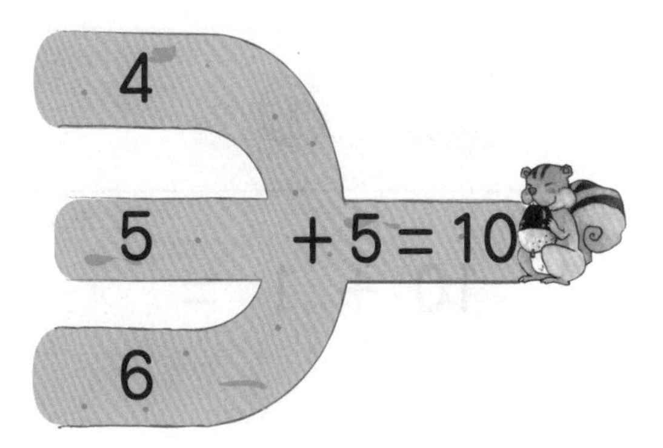

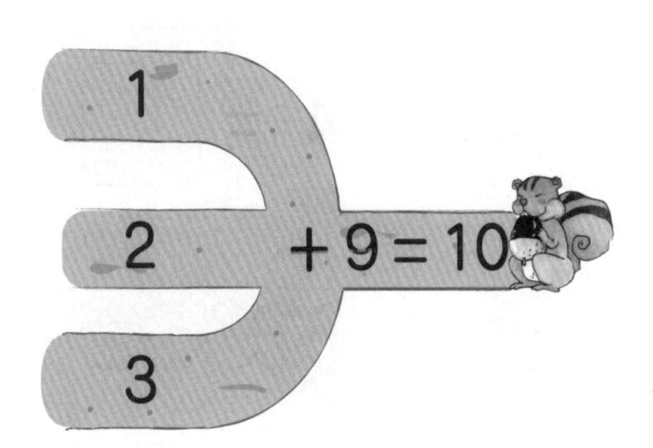

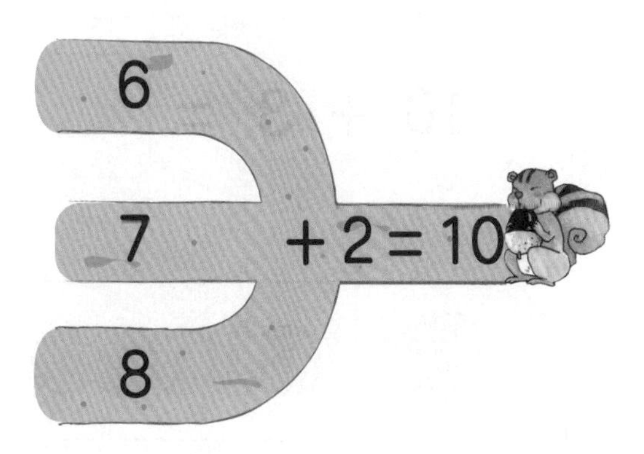

3

4 + 7 = 10

5

10에서 더하기 (1)

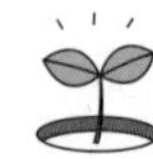 그림을 보고 □ 안에 알맞은 수를 써넣으세요.

10 + 1 = □

10 + 2 = □

10 + 3 = □

10 + 4 = □

10 + 5 = □

10 + 6 = □

10 + 7 = □

10 + 8 = □

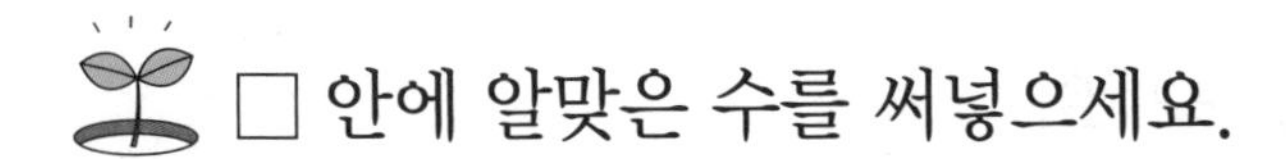

□ 안에 알맞은 수를 써넣으세요.

$10 + 4 = \square$	$10 + 1 = \square$
$10 + 2 = \square$	$10 + 7 = \square$
$10 + 9 = \square$	$10 + 3 = \square$
$5 + 10 = \square$	$6 + 10 = \square$
$8 + 10 = \square$	$4 + 10 = \square$
$7 + 10 = \square$	$9 + 10 = \square$

4일차 10에서 더하기 (2)

 그림을 보고 □ 안에 알맞은 수를 써넣으세요.

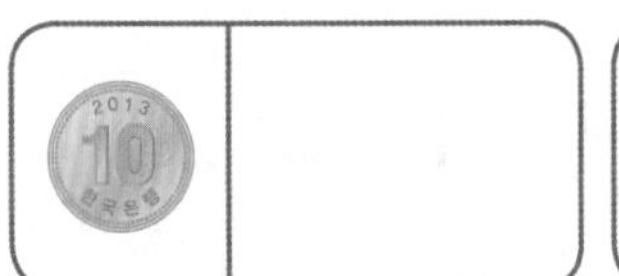 

10 + □ = 12

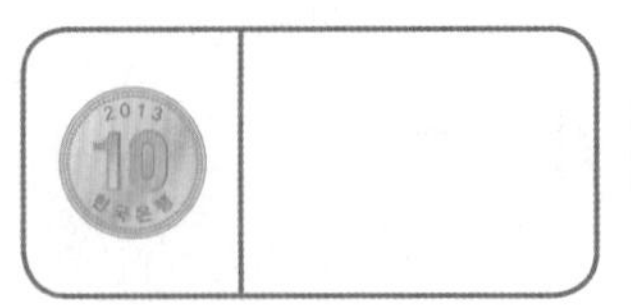 

10 + □ = 14

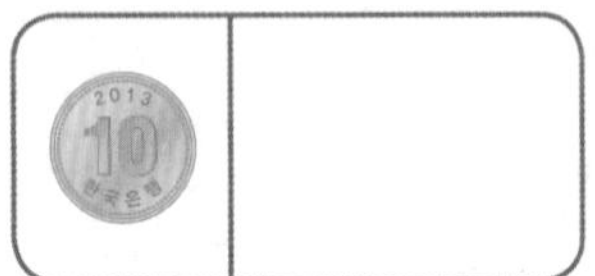 

10 + □ = 13

10 + □ = 17

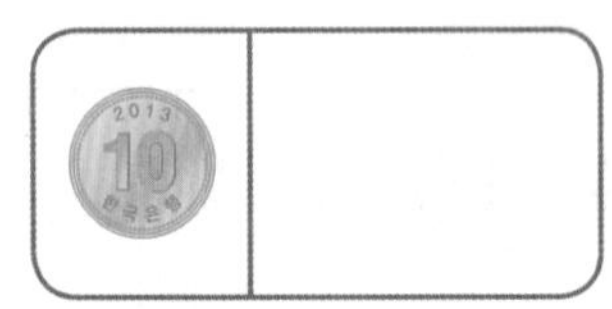 

10 + □ = 16

10 + □ = 11

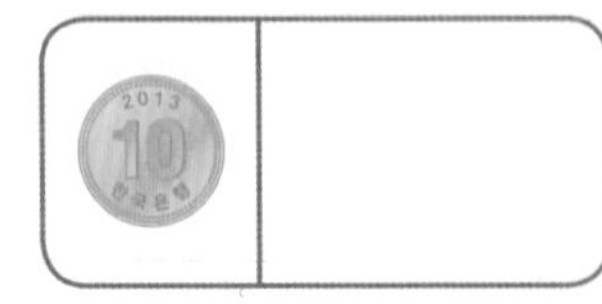 

10 + □ = 15

10 + □ = 18

□ 안에 알맞은 수를 써넣으세요.

$10 + \square = 11$

$\square + 10 = 14$

$10 + \square = 12$

$10 + \square = 16$

$\square + 10 = 15$

$\square + 10 = 13$

$\square + 10 = 16$

$10 + \square = 18$

$10 + \square = 17$

$\square + 10 = 16$

$\square + 10 = 19$

$10 + \square = 14$

빈칸 채우기

□ 안에 알맞은 수를 써넣으세요.

$10 + \square = 12$

$\square + 2 = 12$

$10 + \square = 15$

$\square + 5 = 15$

$10 + \square = 18$

$\square + 8 = 18$

$10 + \square = 16$

$\square + 6 = 16$

$10 + \square = 14$

$\square + 4 = 14$

$10 + \square = 19$

$\square + 9 = 19$

규칙을 찾아 빈칸에 알맞은 수를 써넣으세요.

Note

소마셈 P7 – 2주차

세 수 더하기

10을 이용한 세 수 더하기

두 수를 더해서 10을 먼저 만들어 세 수 더하기를 해 보세요.

7 + 3 + 4 = ☐

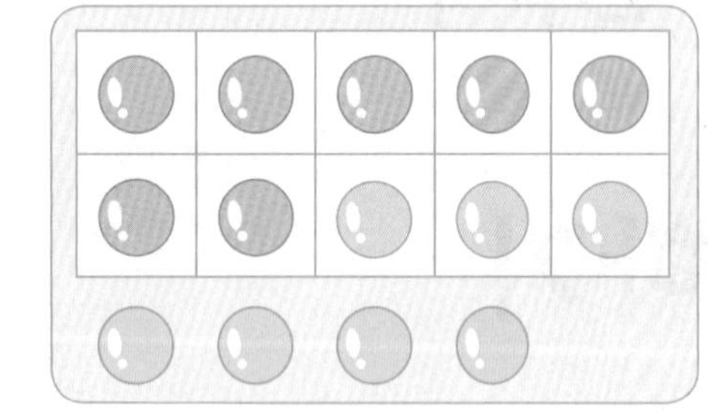

6 + 4 + 2 = ☐

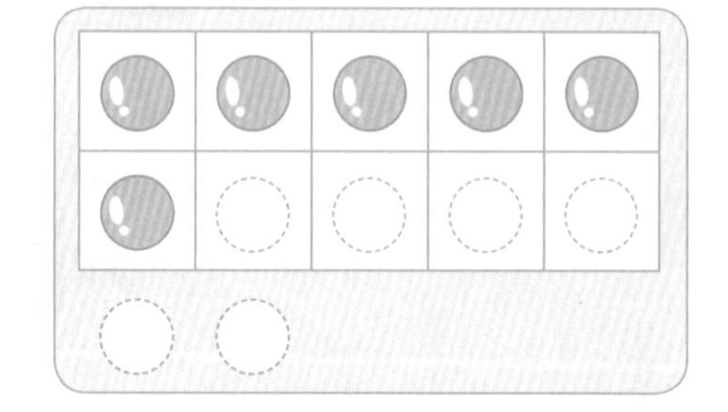

8 + 2 + 4 = ☐

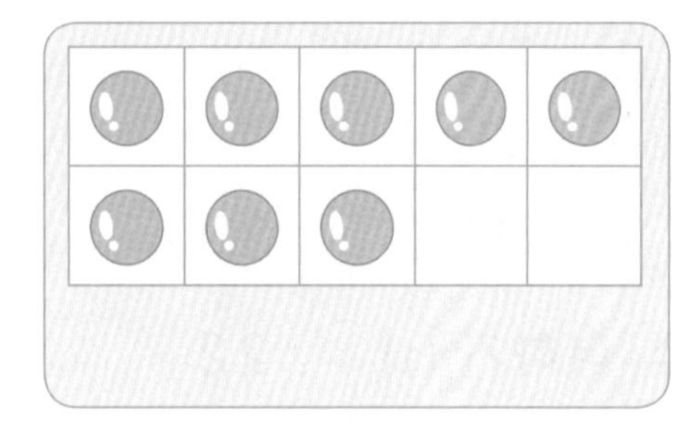

5 + 5 + 3 = ☐

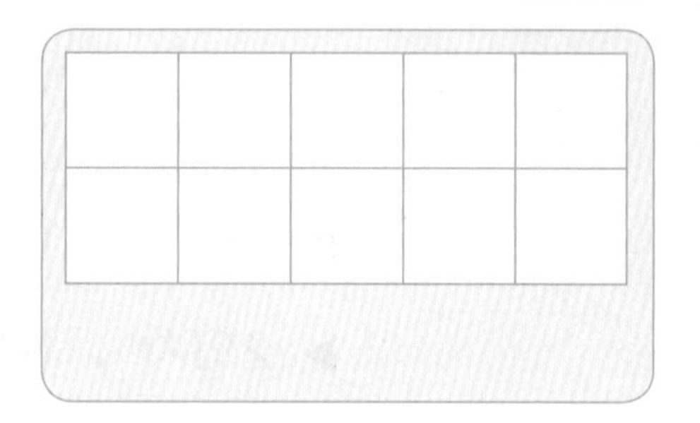

4 + 6 + 1 = ☐

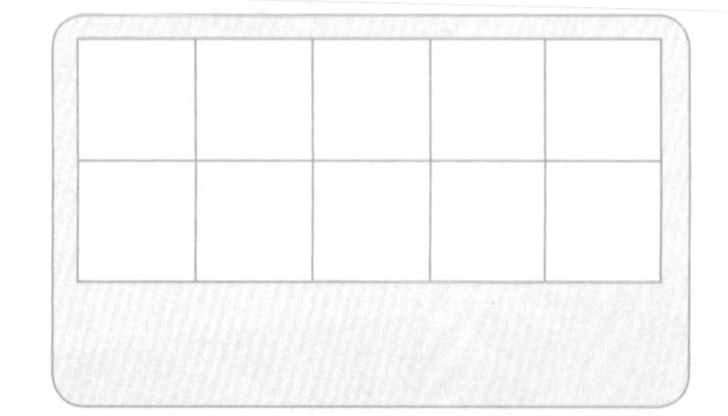

9 + 1 + 5 = ☐

두 수를 더해서 10을 먼저 만들어 세 수 더하기를 해 보세요.

$5 + 5 + 3 = \square$
($5 + 5 = 10$)

$7 + 3 + 2 = \square$

$9 + 1 + 5 = \square$

$6 + 4 + 3 = \square$

$8 + 2 + 4 = \square$

$4 + 6 + 7 = \square$

$3 + 7 + 5 = \square$

$2 + 8 + 1 = \square$

$6 + 4 + 6 = \square$

$5 + 5 + 9 = \square$

TIP

연이은 덧셈에서 10을 만들어 더하는 계산 원리는 받아올림이 있는 두 수의 덧셈을 이해하는 준비단계입니다.

10 만들어 세 수 더하기 (1)

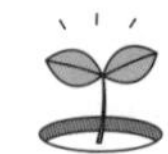 더해서 10이 되는 두 수를 먼저 계산하여 세 수 더하기를 해 보세요.

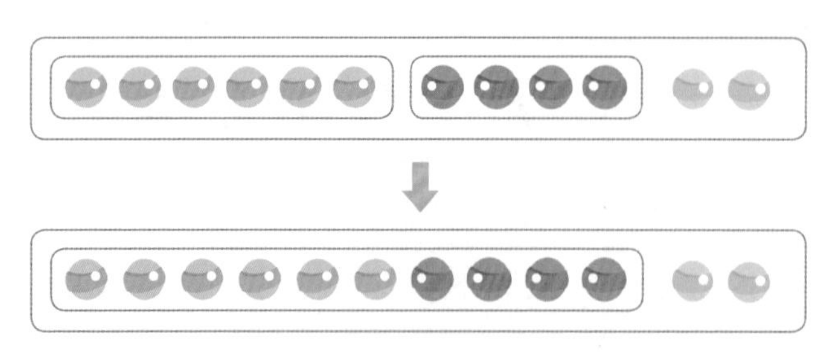

(6) + (4) + 2

[10] + 2 = [12]

(8) + (2) + 3

[ ] + 3 = [ ]

4 + (3) + (7)

4 + [ ] = [ ]

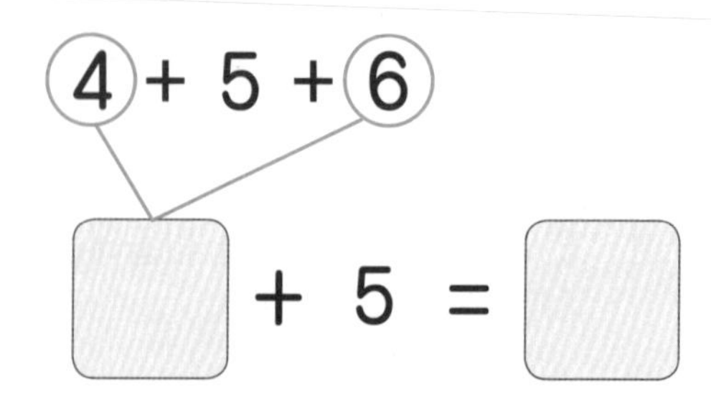

(4) + 5 + (6)

[ ] + 5 = [ ]

더해서 10이 되는 두 수를 먼저 계산하여 세 수 더하기를 해 보세요.

1 + 9 + 3

☐ + 3 = ☐

5 + 5 + 8

☐ + 8 = ☐

4 + 7 + 3

4 + ☐ = ☐

1 + 4 + 6

1 + ☐ = ☐

8 + 5 + 2

☐ + 5 = ☐

3 + 6 + 7

☐ + 6 = ☐

6 + 4 + 2

☐ + 2 = ☐

5 + 7 + 5

☐ + 7 = ☐

10 만들어 세 수 더하기 (2)

원 위의 세 수 중 더해서 10이 되는 두 수를 찾아 ○표 하고, 세 수를 더하여 □ 안에 써 보세요.

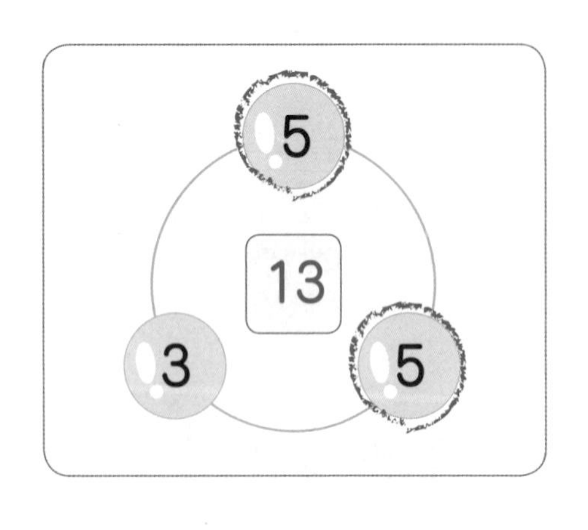

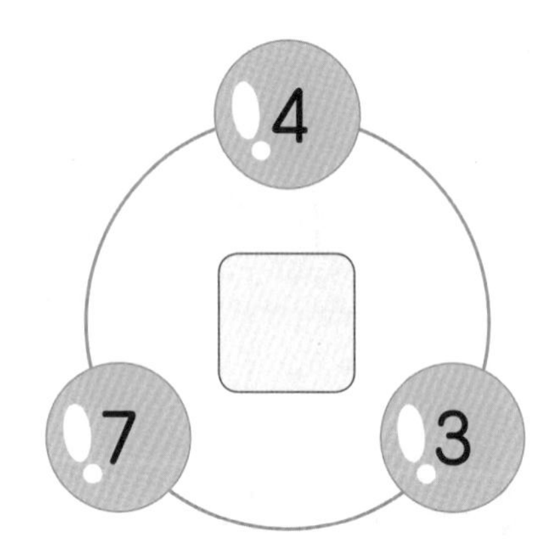

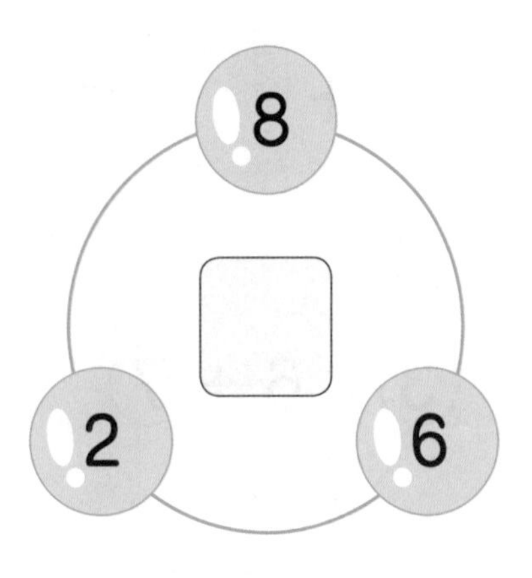

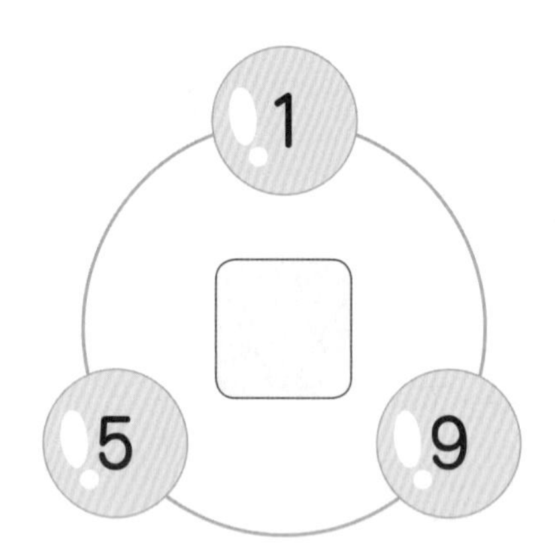

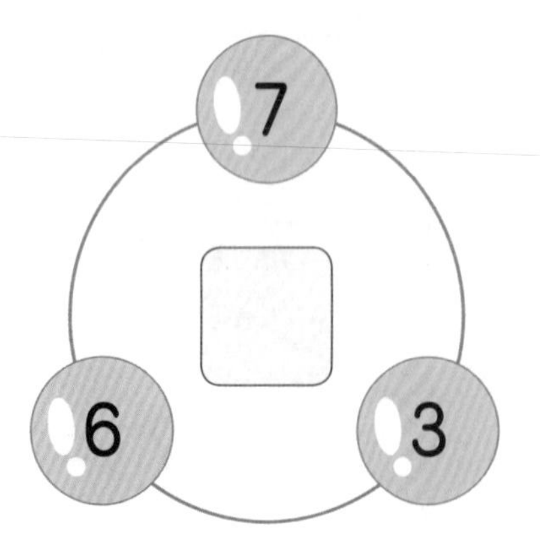

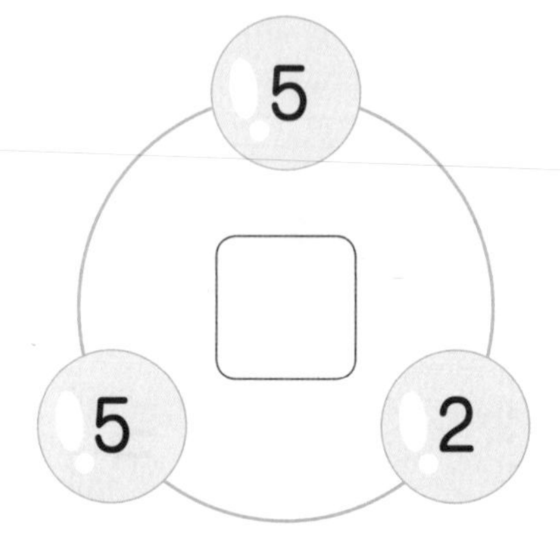

더해서 10이 되는 두 수를 찾아 □ 안에 알맞은 수를 써넣으세요.

$3 + 4 + 6 = \square$ (4 + 6 = 10)

$8 + 1 + 2 = \square$ (8 + 2 = 10)

$5 + 5 + 6 = \square$

$7 + 8 + 2 = \square$

$9 + 5 + 1 = \square$

$6 + 4 + 8 = \square$

$9 + 3 + 7 = \square$

$5 + 4 + 5 = \square$

$2 + 8 + 3 = \square$

$7 + 1 + 9 = \square$

$4 + 8 + 6 = \square$

$2 + 8 + 1 = \square$

10 만들어 세 수 더하기 (3)

 계산 결과가 같은 것끼리 선으로 이어 보세요.

2+8+1= 11	2+1+9=
2+4+6=	4+7+3=
7+3+3=	8+2+3=
5+4+5=	5+8+2=
1+9+5=	5+5+1= 11
3+7+7=	7+9+1=

주머니 안에 있는 구슬에 쓰인 세 수를 더해 보세요.

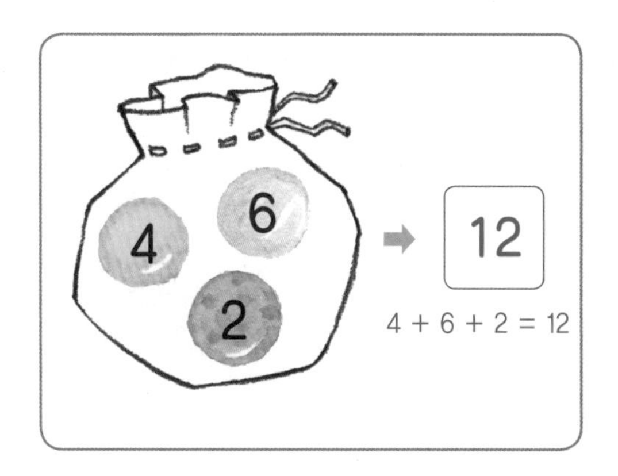

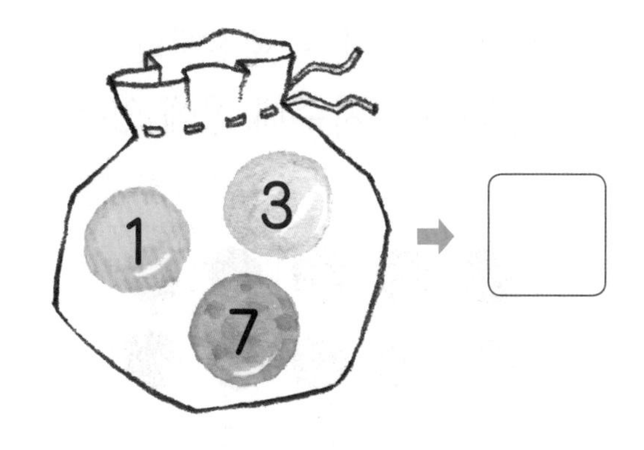

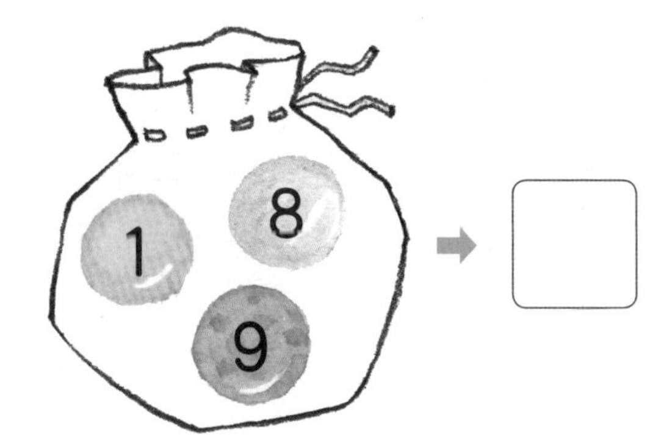

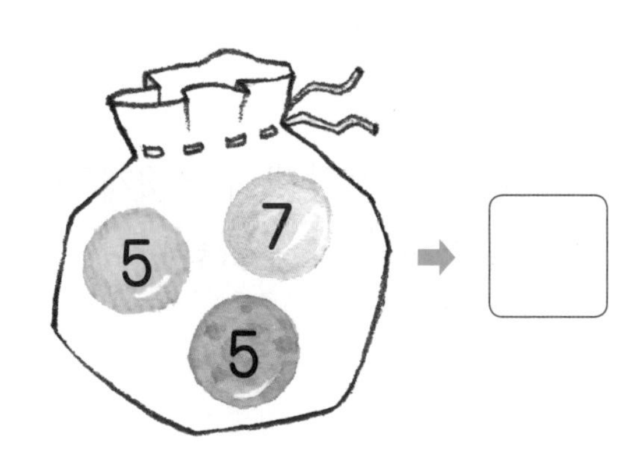

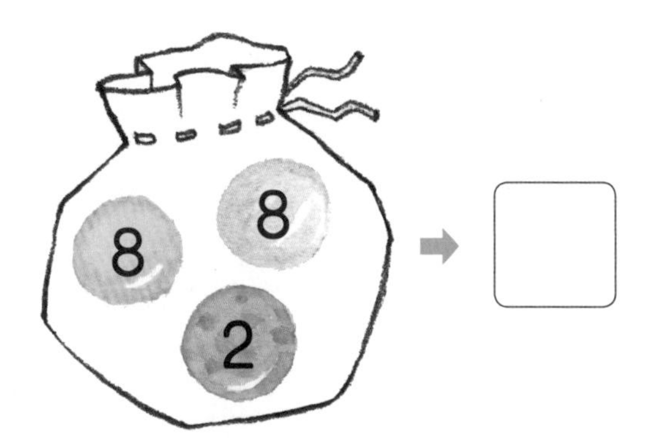

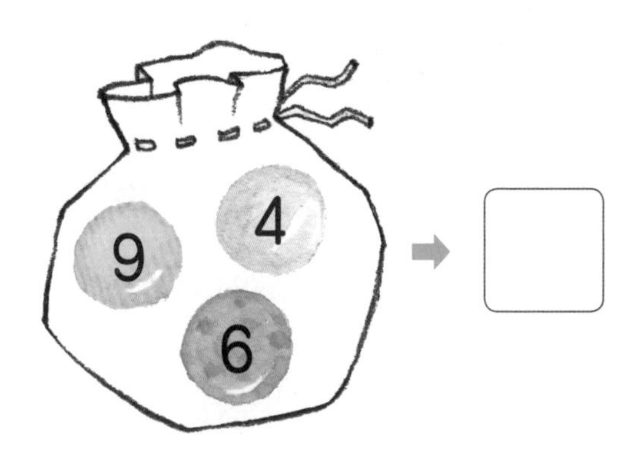

문장제

다음을 읽고, 물음에 답하세요.

지수네 집에는 귤 8개와 사과 2개가 있습니다. 아빠가 배 4개를 더 사오셨습니다. 지수네 집에 있는 과일은 모두 몇 개일까요?

 개

상은이는 빨간색 구슬 3개와 파란색 구슬 7개가 있습니다. 오빠가 노란색 구슬 2개를 더 주었습니다. 상은이가 가지고 있는 구슬은 모두 몇 개일까요?

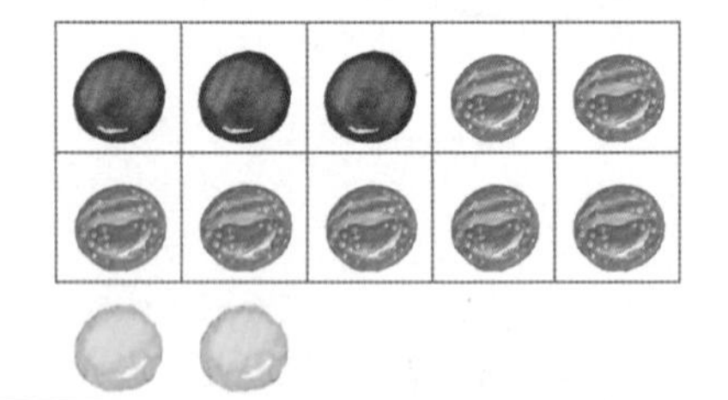

 개

다음을 읽고, 물음에 답하세요.

운동장에 여학생 6명, 남학생 4명, 선생님 2명이 있습니다. 운동장에 있는 사람은 모두 몇 명일까요?

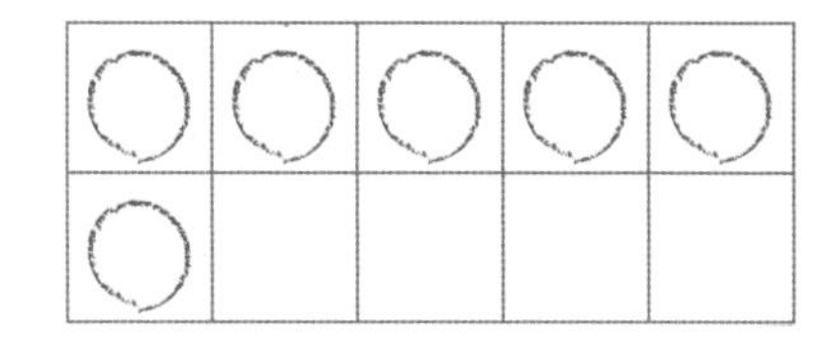

명

선호의 필통에 연필 5자루, 색연필 5자루, 볼펜 3자루가 들어있습니다. 선호의 필통에 들어있는 학용품은 모두 몇 자루일까요?

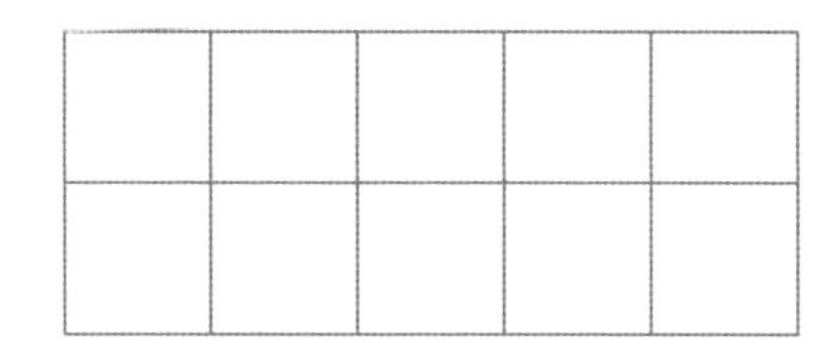

자루

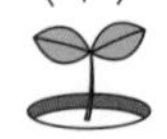 다음을 읽고, 물음에 답하세요.

정현이는 빨간 색종이 8장, 노란 색종이 2장을 가지고 있습니다. 동생이 파란 색종이 5장을 더 주었을 때, 정현이가 가진 색종이는 모두 몇 장일까요?

 장

주머니에 검은색 바둑돌 7개와 흰색 바둑돌 3개가 들어있습니다. 주머니에 흰색 바둑돌 1개를 더 넣으면 주머니에 들어 있는 바둑돌은 모두 몇 개일까요?

 개

꽃밭의 꽃 위에 나비가 1마리, 벌이 9마리 앉아있습니다. 나비 6마리가 더 날아왔다면 꽃밭에 나비와 벌은 모두 몇 마리일까요?

 마리

소마셈 P7 – 3주차

10을 이용한 더하기 (1)

10 만들어 더하기

더하는 수만큼 ○를 그리고, 더하기를 해 보세요.

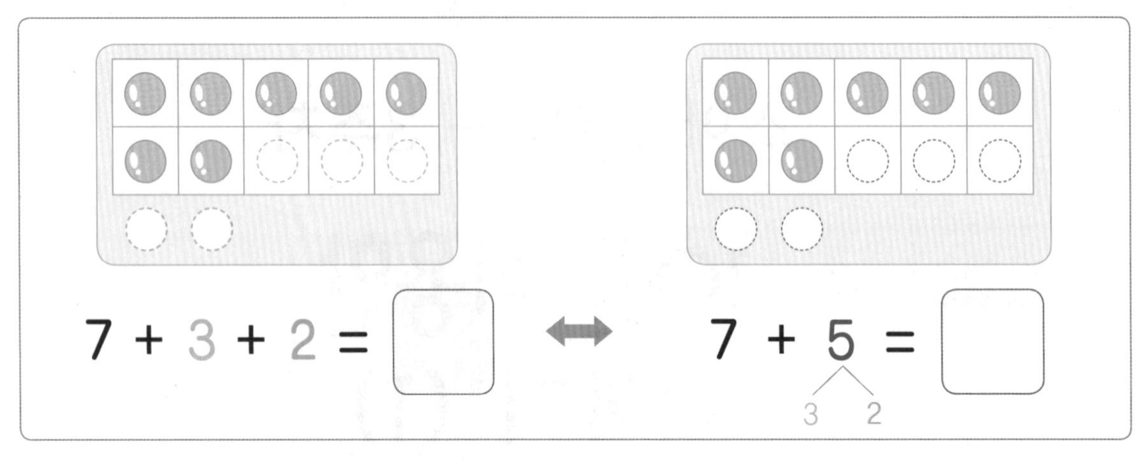

$7 + 3 + 2 = \square$ ⟷ $7 + 5 = \square$ (5 → 3, 2)

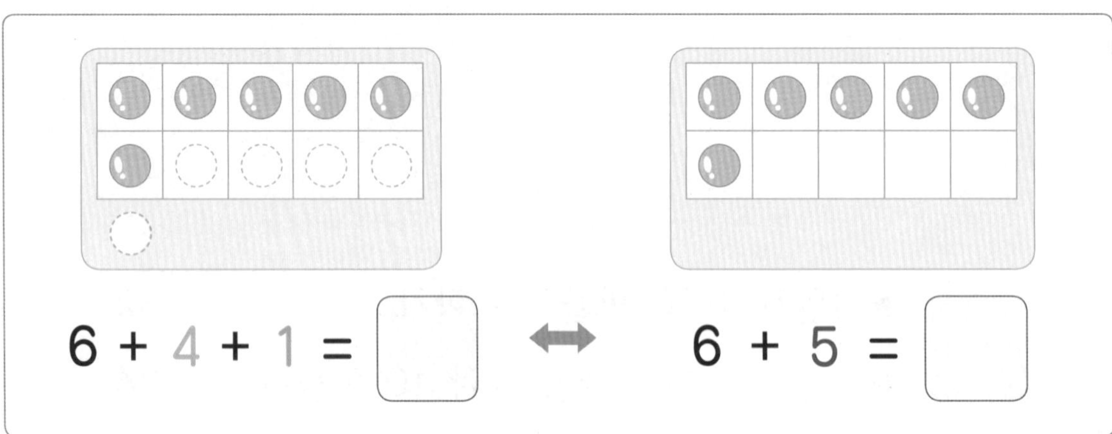

$6 + 4 + 1 = \square$ ⟷ $6 + 5 = \square$

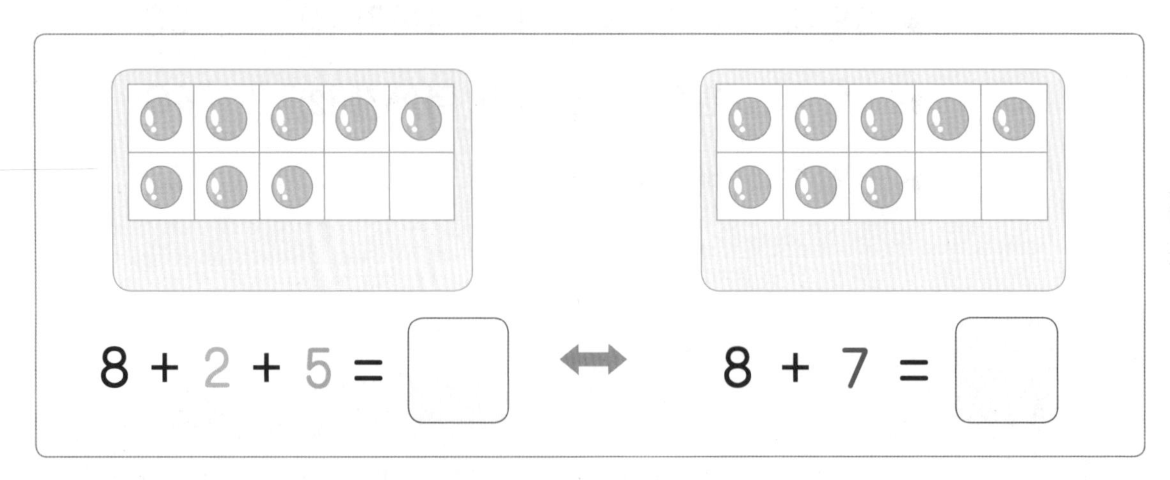

$8 + 2 + 5 = \square$ ⟷ $8 + 7 = \square$

□ 안에 알맞은 수를 써넣으세요.

$7 + 3 + 4 = \square$ ⟺ $7 + 7 = \square$ (7 → 3, 4)

$9 + 1 + 2 = \square$ ⟺ $9 + 3 = \square$

$8 + 2 + 3 = \square$ ⟺ $8 + 5 = \square$

$5 + 5 + 1 = \square$ ⟺ $5 + 6 = \square$

$7 + 3 + 3 = \square$ ⟺ $7 + 6 = \square$

$8 + 2 + 2 = \square$ ⟺ $8 + 4 = \square$

뒤의 수를 갈라 10 만들기

앞의 수와 더해서 10이 되도록 뒤의 수를 갈라 보세요.

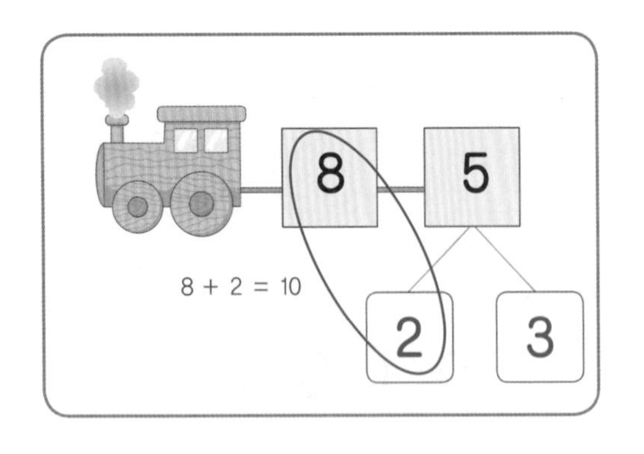

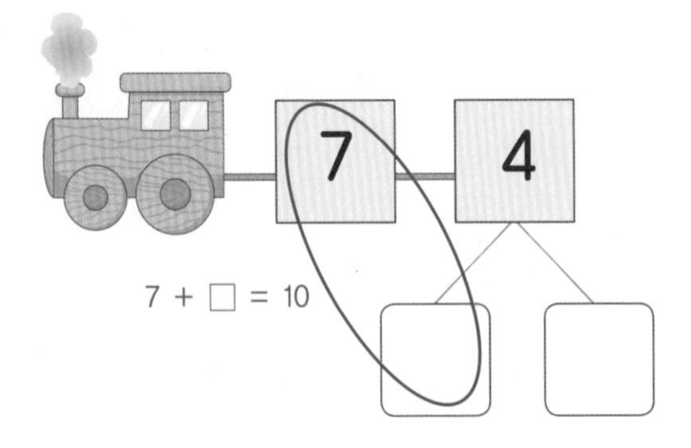

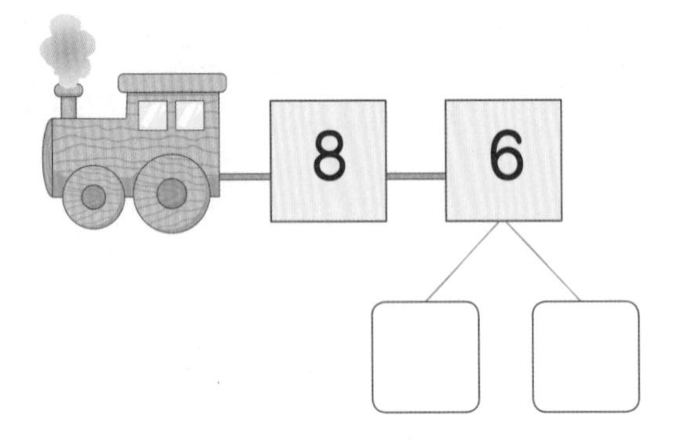

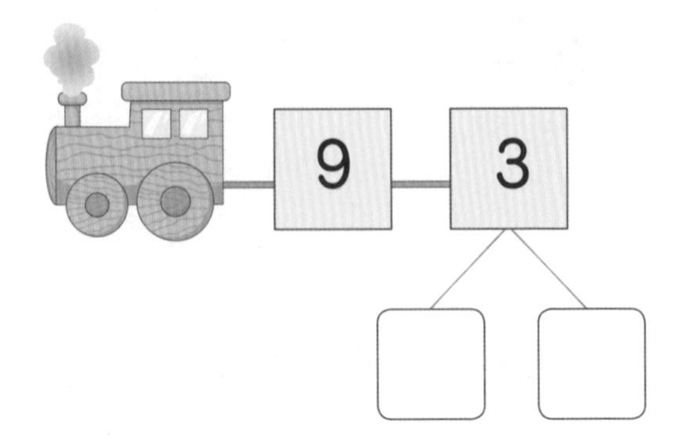

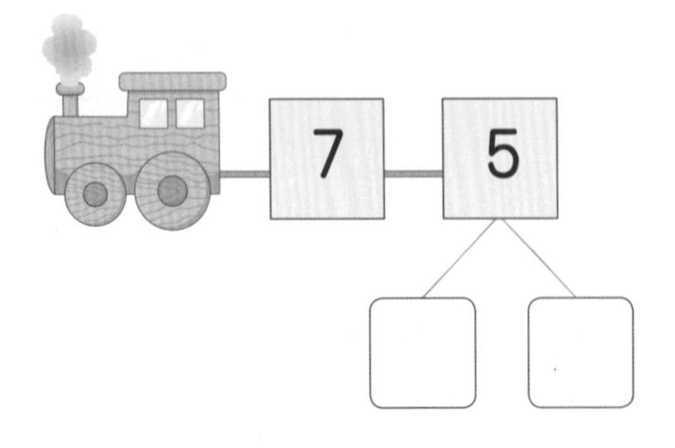

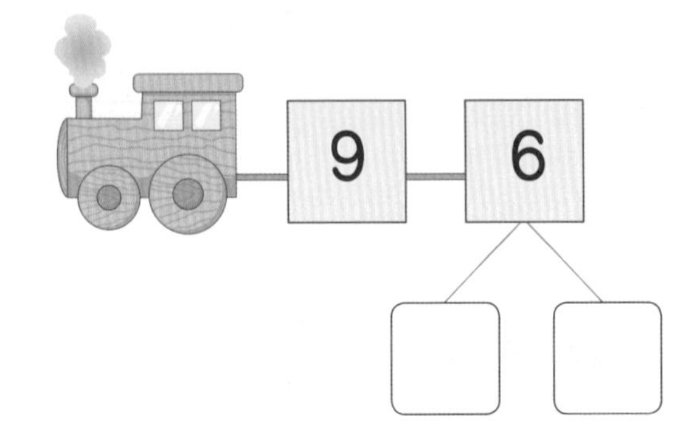

앞의 수와 더해서 10이 되도록 뒤의 수를 갈라 보세요.

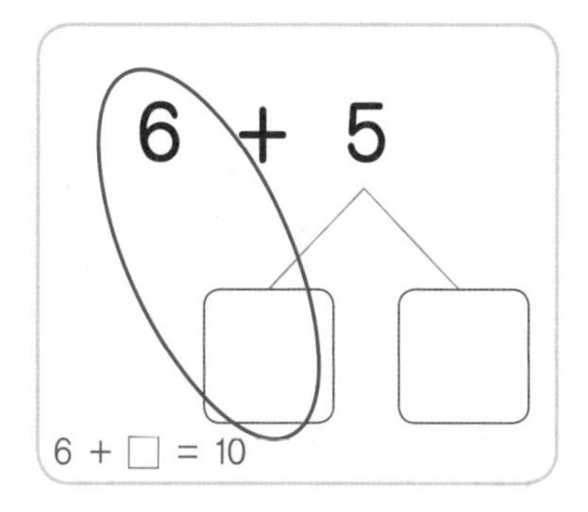

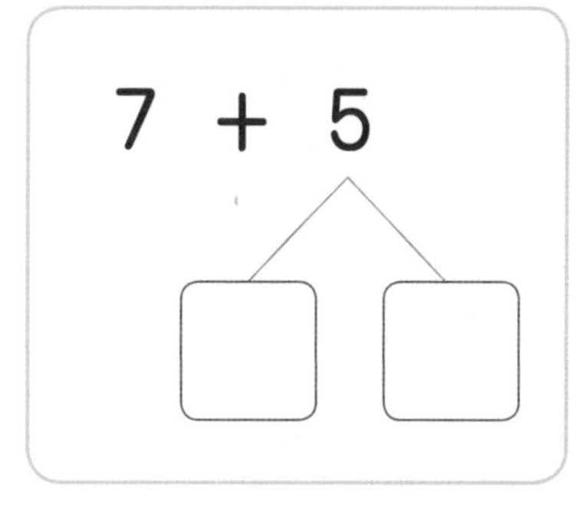

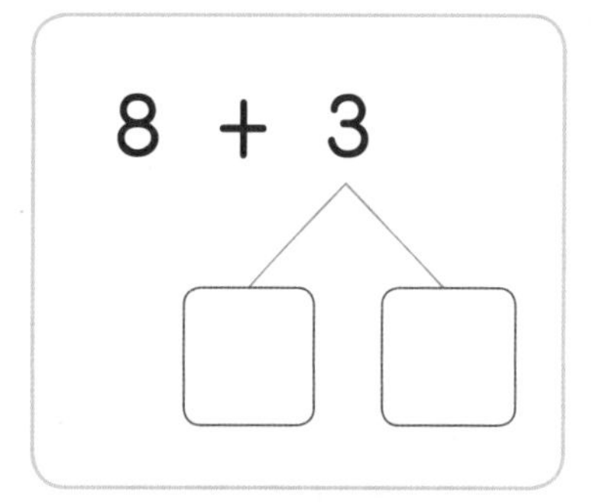

8 + 6

9 + 2

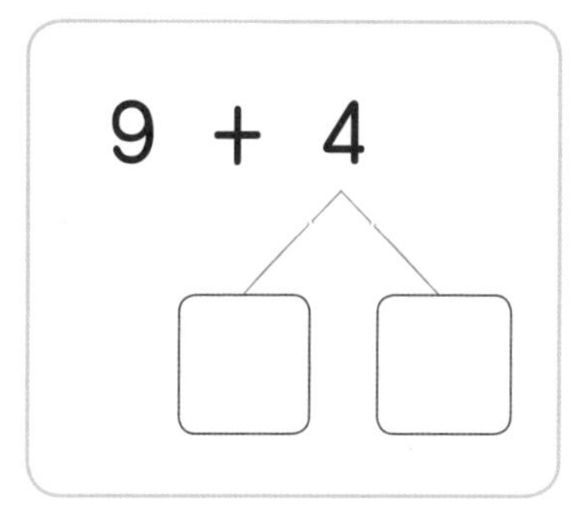

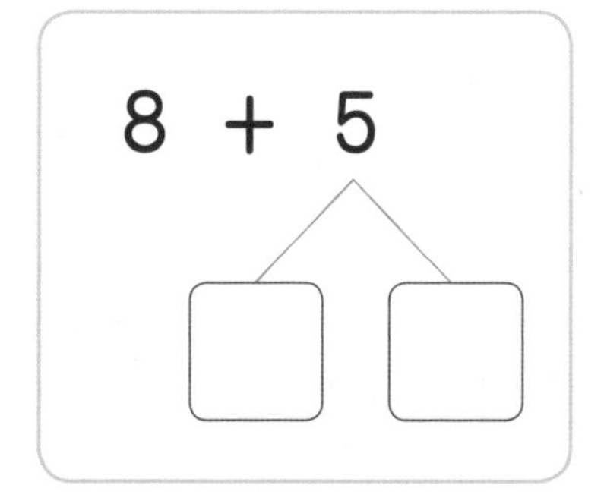

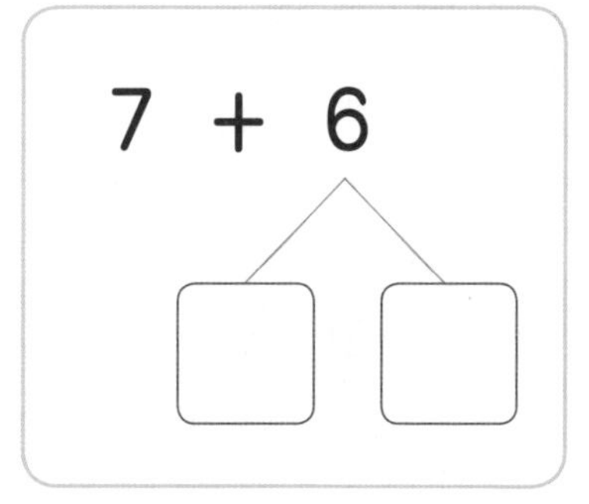

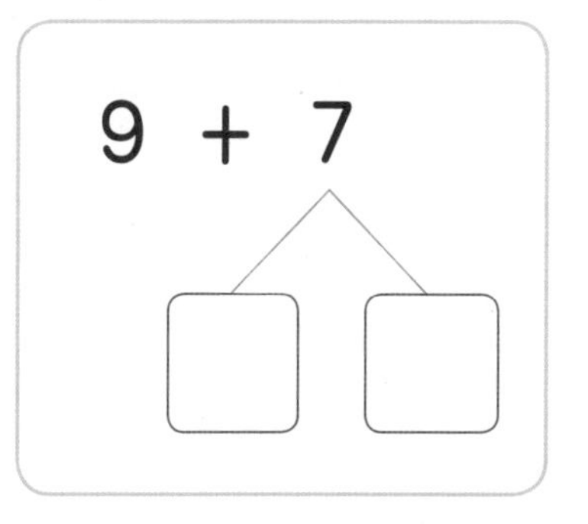

뒤의 수를 갈라 더하기 (1)

뒤의 수를 갈라 10을 만들어 더하기를 해 보세요.

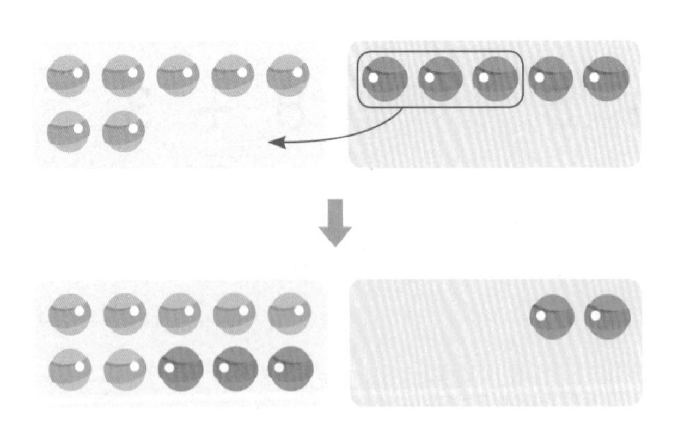

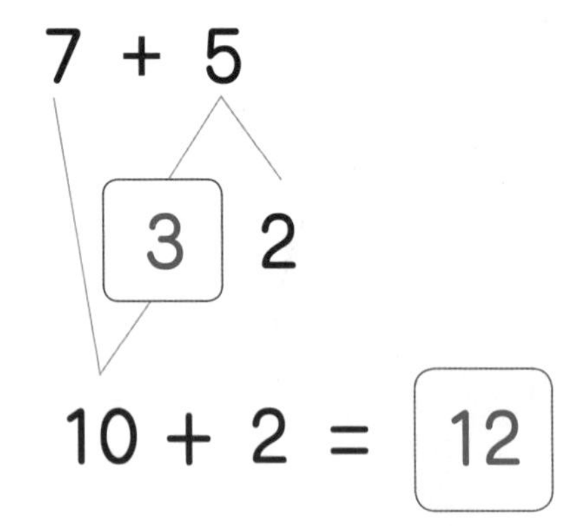

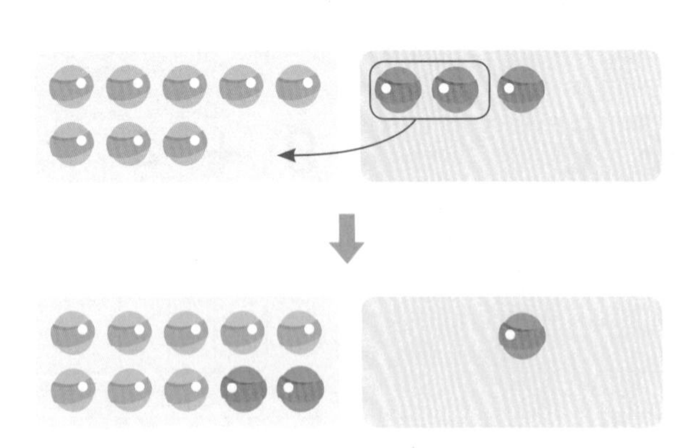

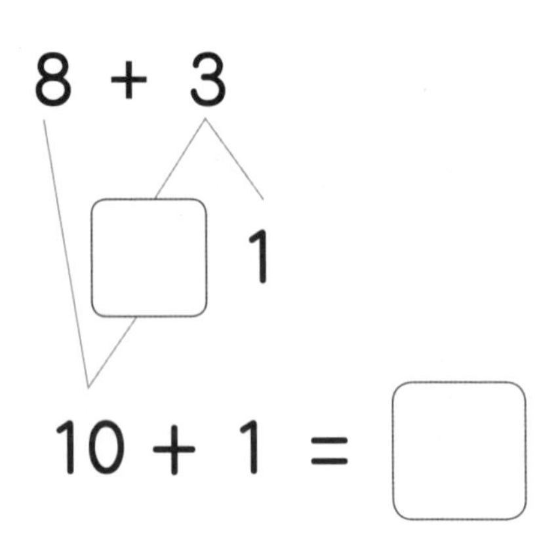

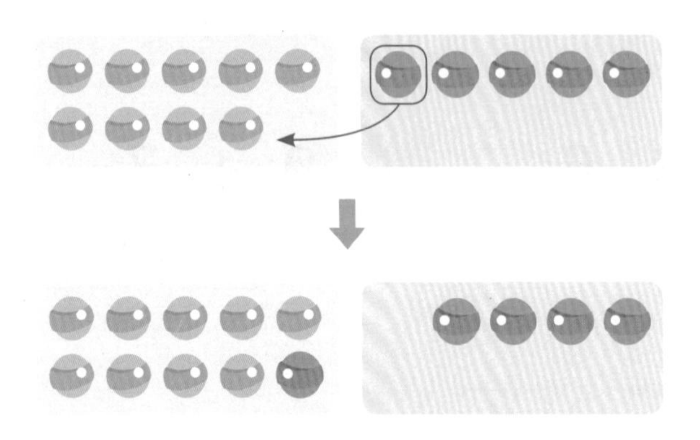

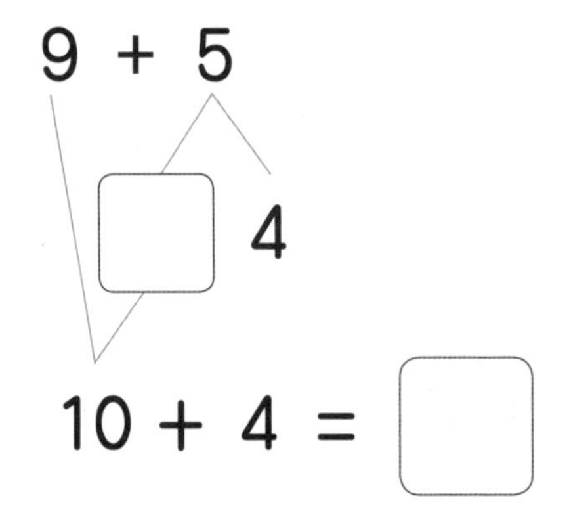

□ 안에 알맞은 수를 써넣으세요.

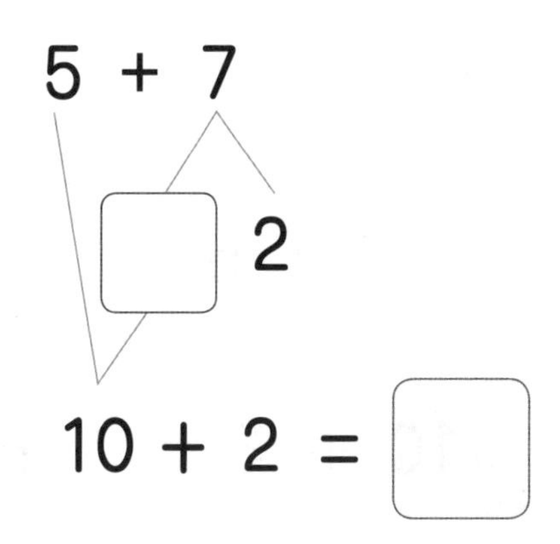

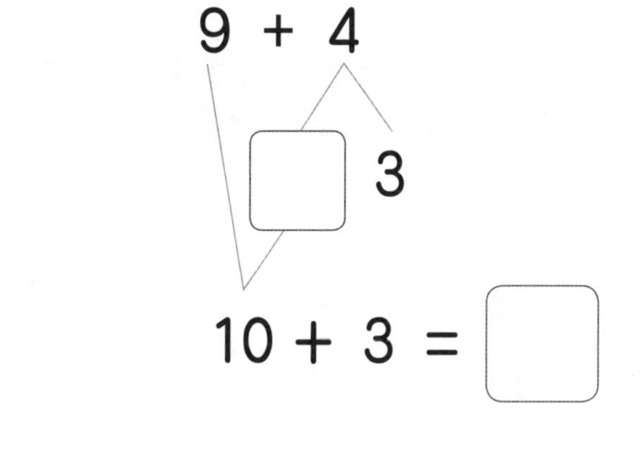

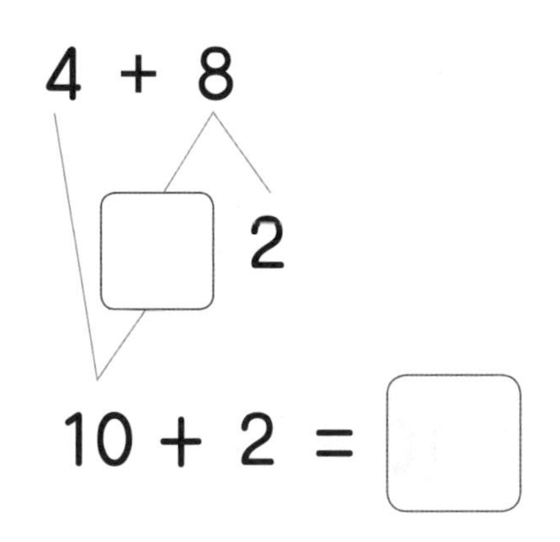

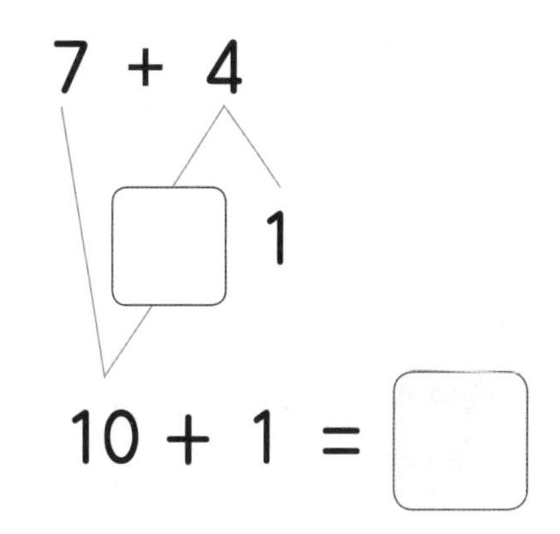

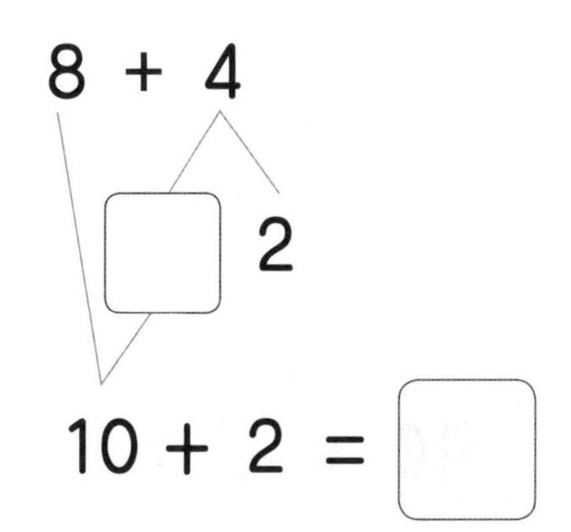

7 + 6

3

10 + 3 = □

뒤의 수를 갈라 10을 만들어 더하기를 해 보세요.

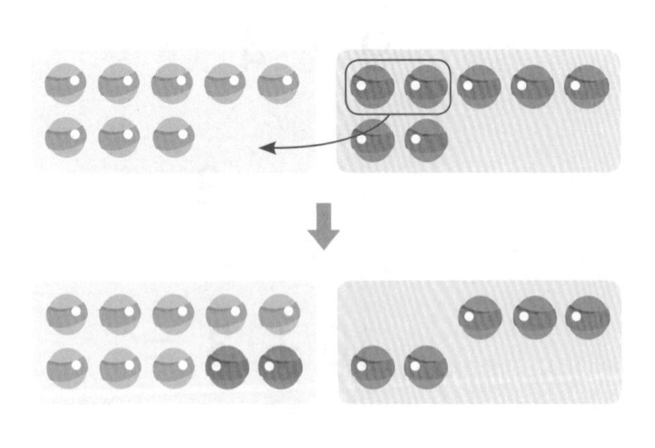

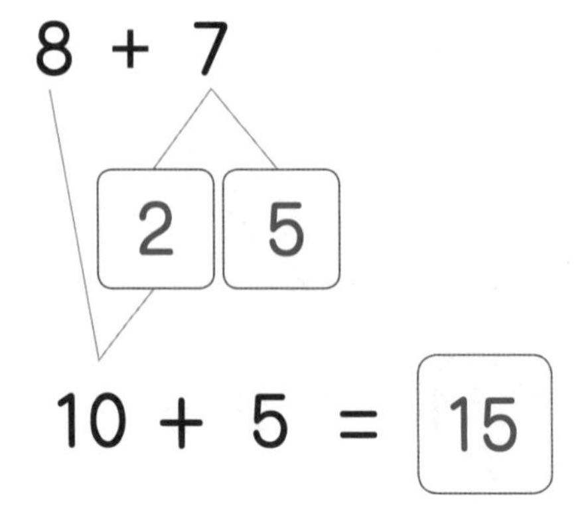

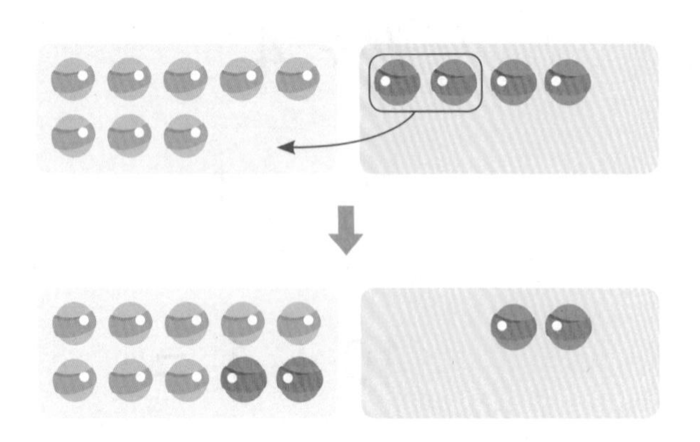

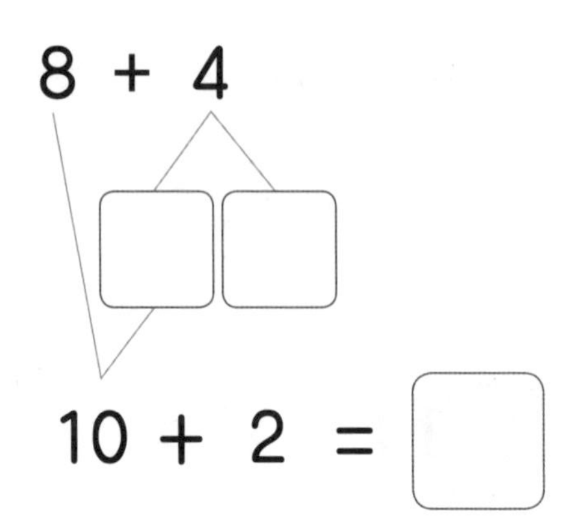

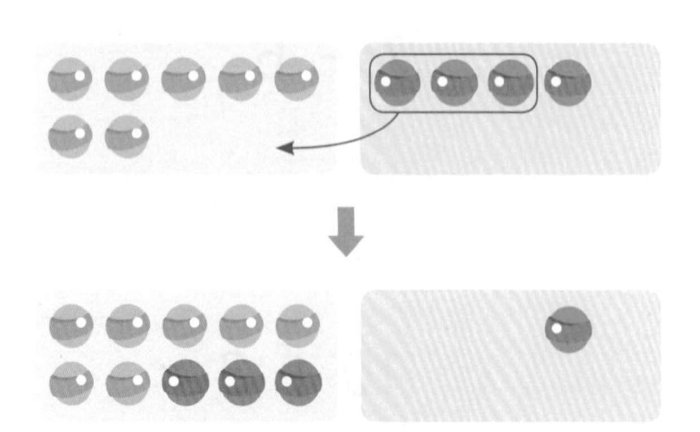

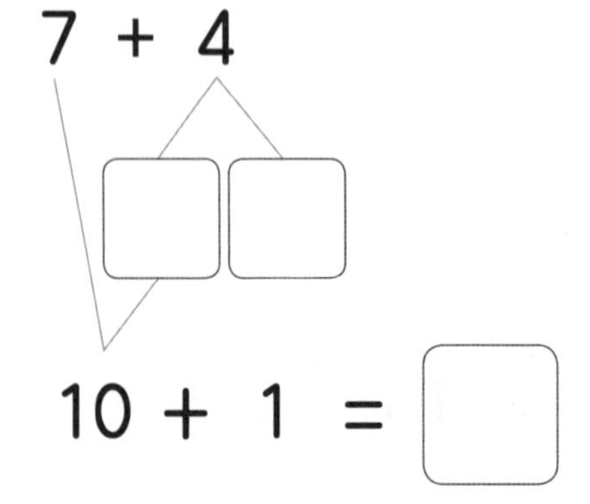

 □ 안에 알맞은 수를 써넣으세요.

$8 + 6$

$10 + 4 = \square$

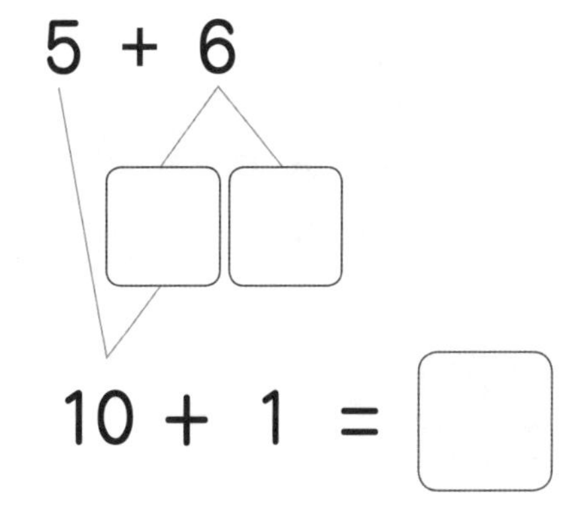

$5 + 6$

$10 + 1 = \square$

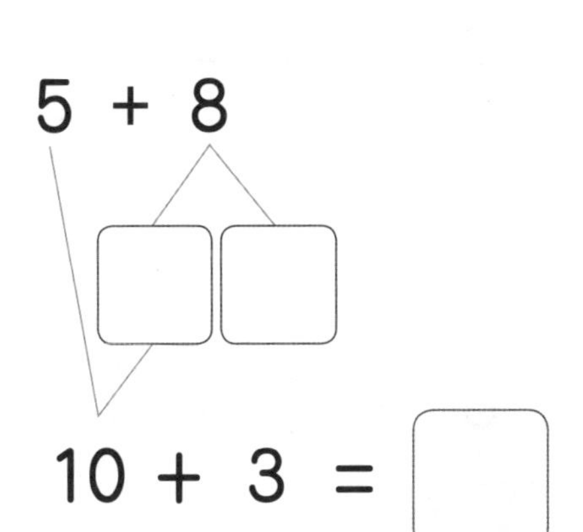

$5 + 8$

$10 + 3 = \square$

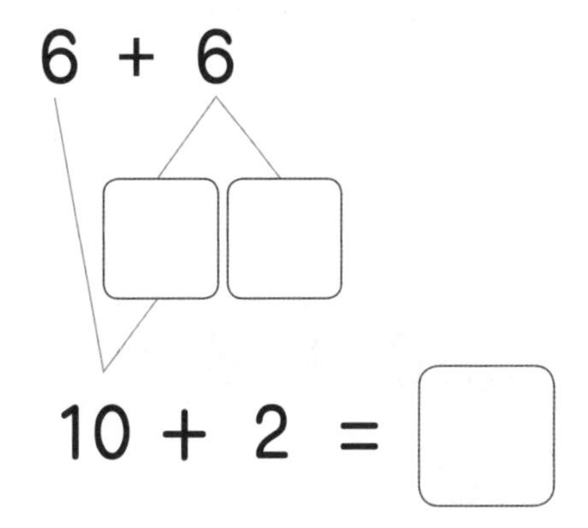

$6 + 6$

$10 + 2 = \square$

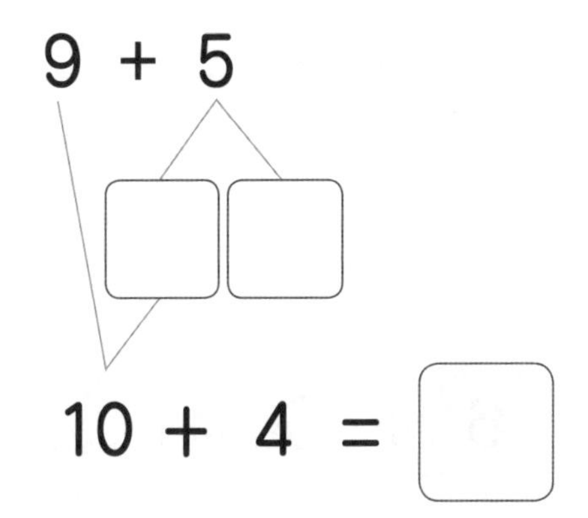

$9 + 5$

$10 + 4 = \square$

$8 + 5$

$10 + 3 = \square$

뒤의 수를 갈라 더하기 (2)

 뒤의 수를 갈라 10을 만들어 더하기를 해 보세요.

7 + 8 = 15
(8 → 3, 5)

9 + 3 = ☐
(3 → 1, 2)

7 + 4 = ☐

6 + 8 = ☐

8 + 7 = ☐

8 + 8 = ☐

7 + 7 = ☐

9 + 5 = ☐

6 + 6 = ☐

 뒤의 수를 갈라 10을 만들어 더하기를 해 보세요.

8 + 4 = ☐
(4 → 2, 2)

6 + 5 = ☐
(5 → 4, 1)

7 + 4 = ☐

8 + 6 = ☐

9 + 2 = ☐

9 + 6 = ☐

8 + 7 = ☐

9 + 3 = ☐

7 + 5 = ☐

9 + 8 = ☐

8 + 3 = ☐

9 + 4 = ☐

바꾸어 더하기

 더하는 수만큼 ○를 그리고 더하기를 해 보세요.

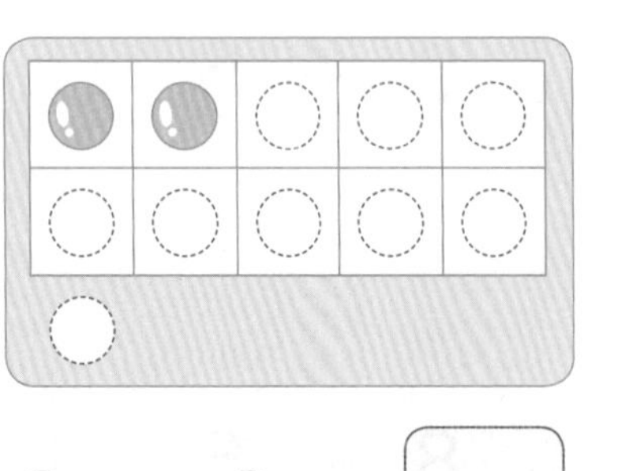

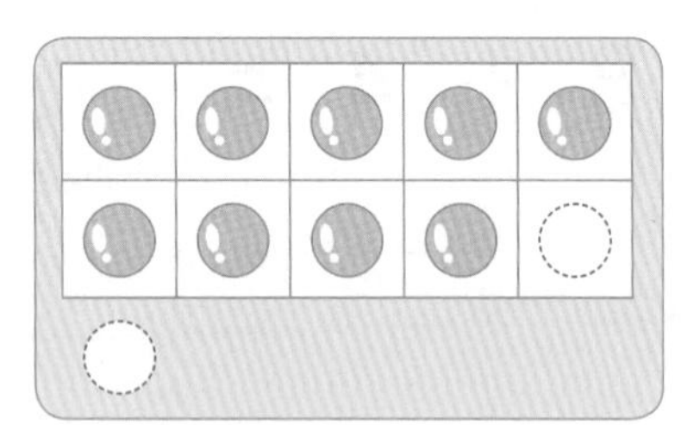

2 + 9 = ☐ ↔ 9 + 2 = ☐

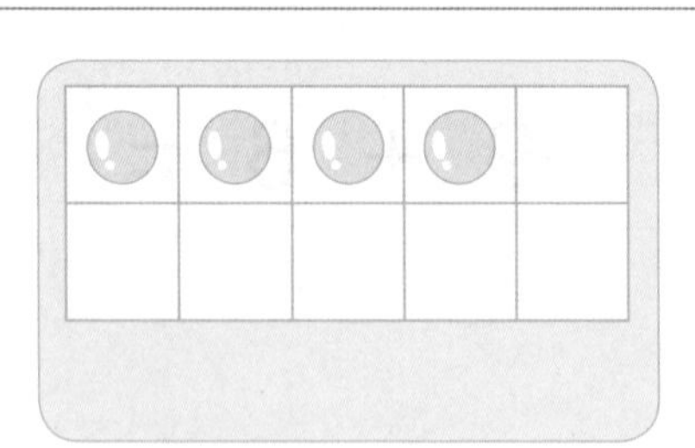

4 + 8 = ☐ ↔ 8 + 4 = ☐

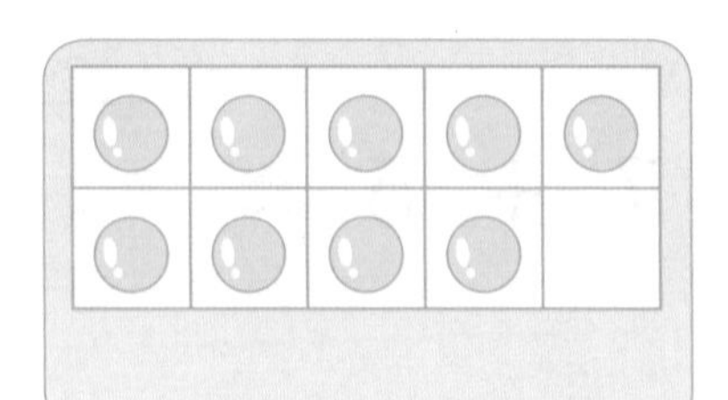

5 + 9 = ☐ ↔ 9 + 5 = ☐

□ 안에 알맞은 수를 써넣으세요.

3 + 9 = □ ⟷ 9 + 3 = □

6 + 8 = □ ⟷ 8 + 6 = □

5 + 8 = □ ⟷ 8 + 5 = □

4 + 7 = □ ⟷ 7 + 4 = □

5 + 9 = □ ⟷ 9 + 5 = □

TIP

2+9를 계산할 때, 2에 9를 더하는 것보다는 9에 2를 더하는 것이 더 편리합니다. 일반적으로 아이들이 작은 수보다는 큰 수를 더하는 것을 어려워하므로 바꾸어 계산하는 방법을 알도록 합니다.

Note

소마셈 P7 – 4주차

10을 이용한 더하기 (2)

앞의 수를 갈라 10 만들기

뒤의 수와 더해서 10이 되도록 앞의 수를 갈라 보세요.

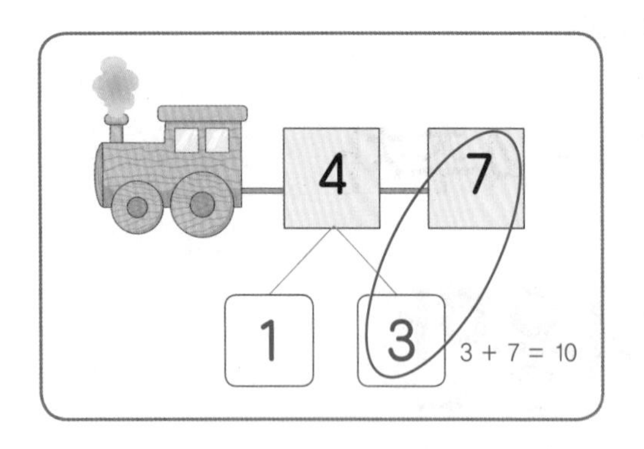

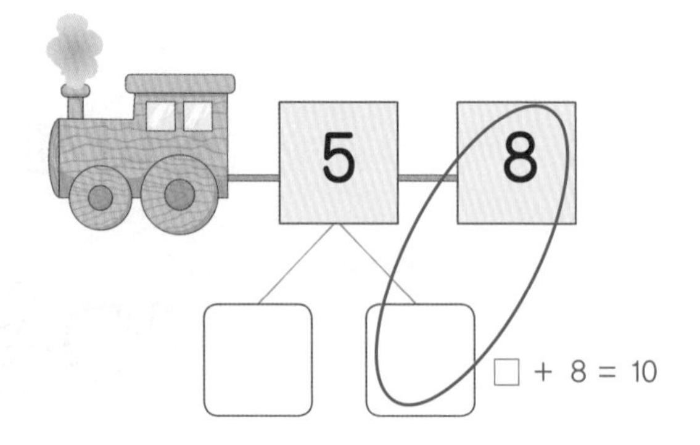

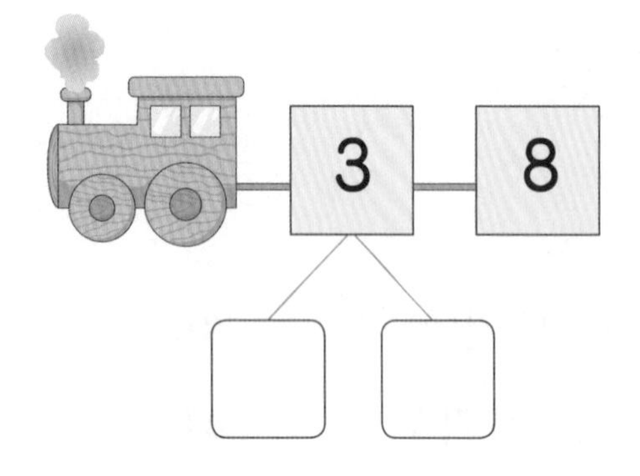

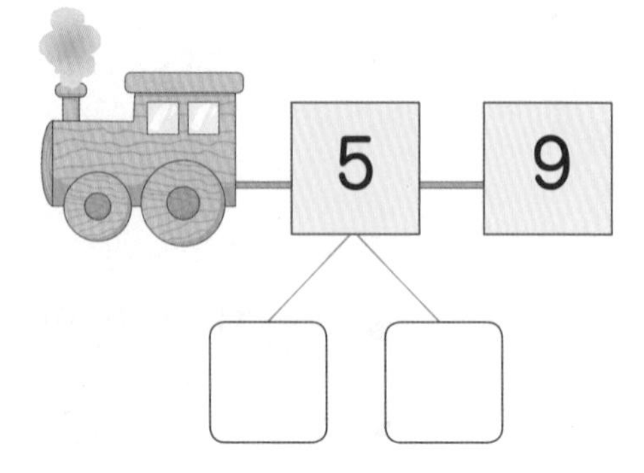

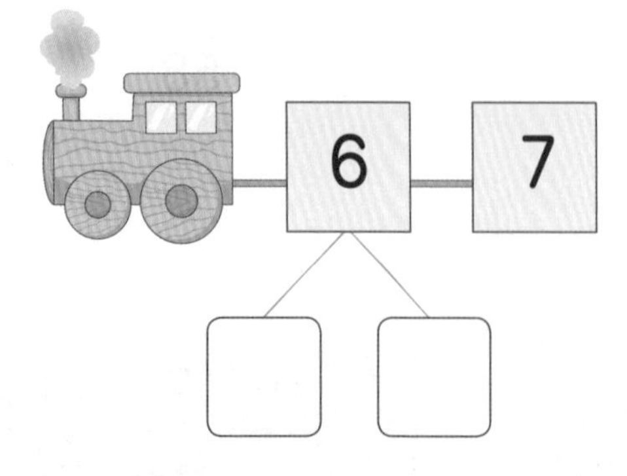

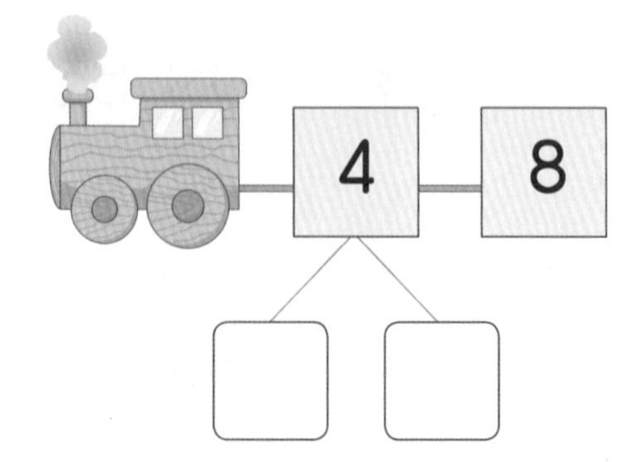

뒤의 수와 더해서 10이 되도록 앞의 수를 갈라 보세요.

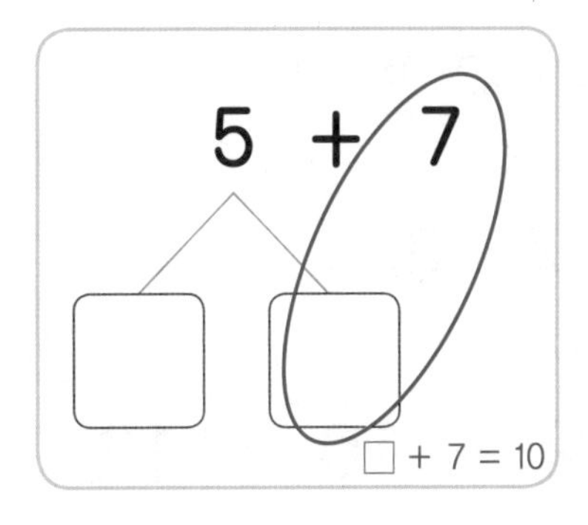

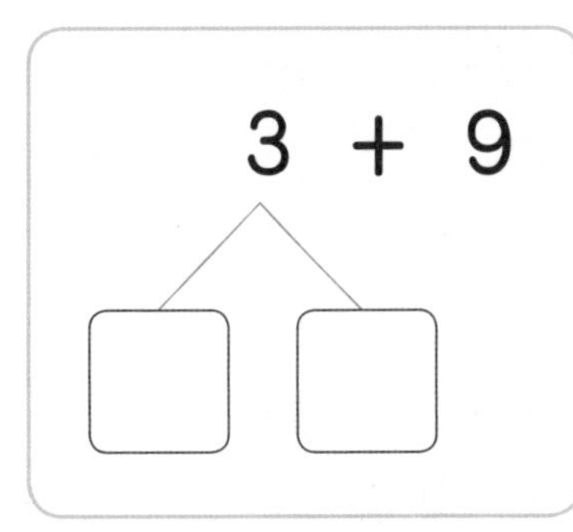

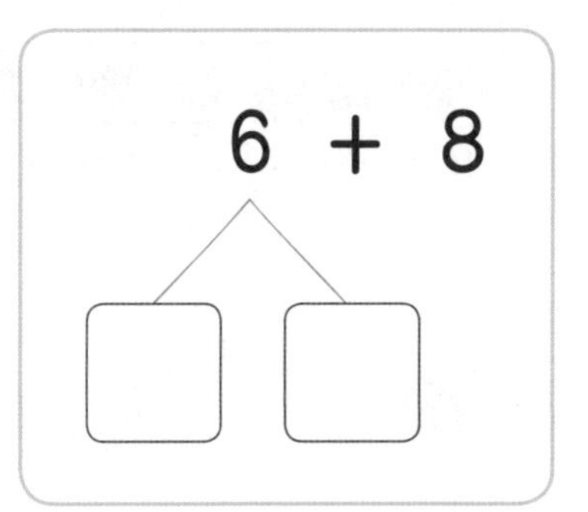

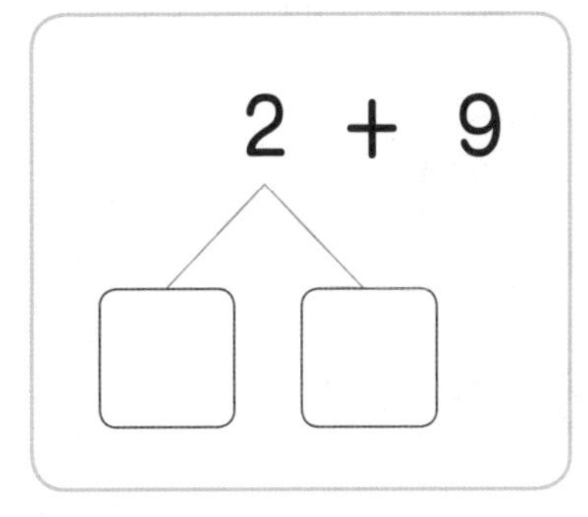

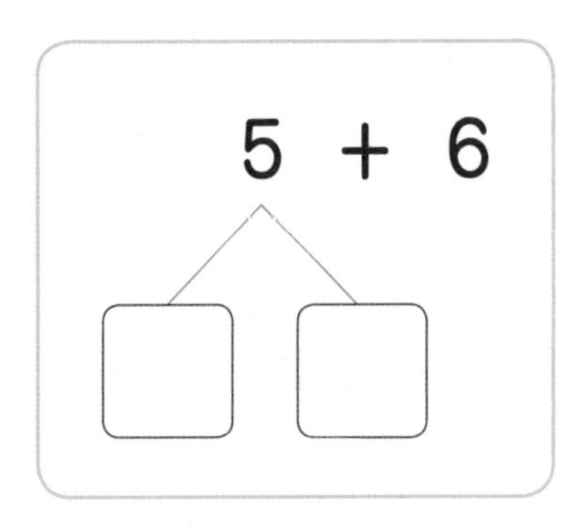

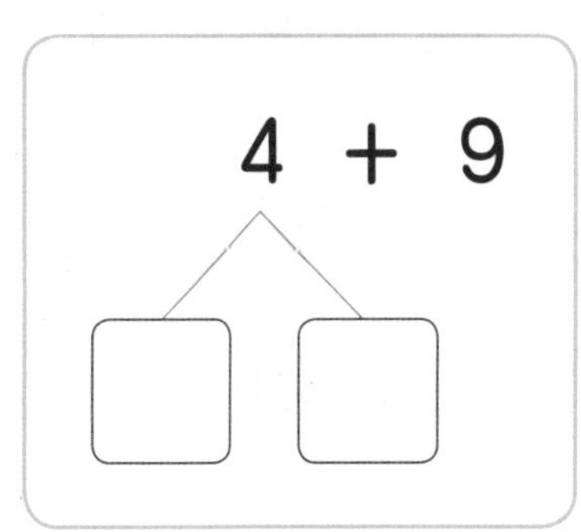

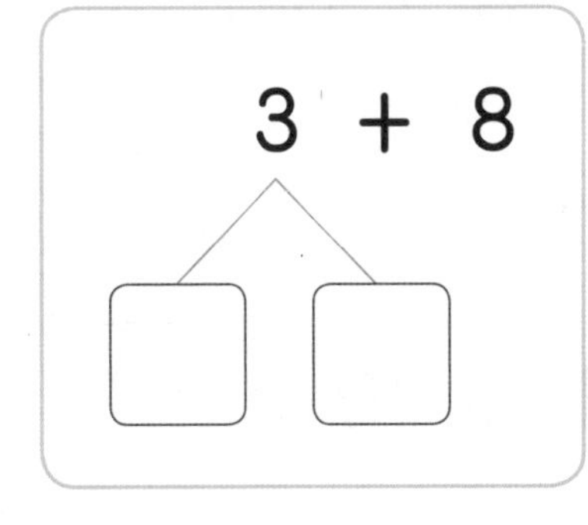

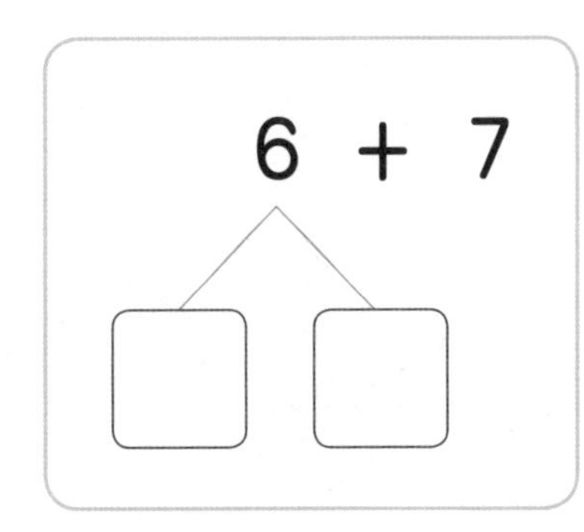

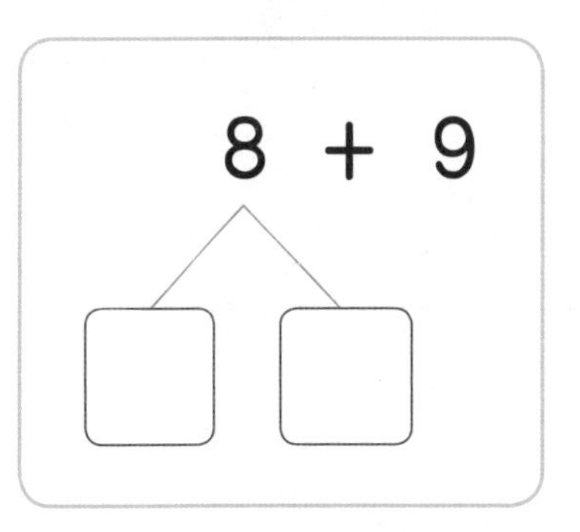

앞의 수를 갈라 더하기(1)

앞의 수를 갈라 10을 만들어 더하기를 해 보세요.

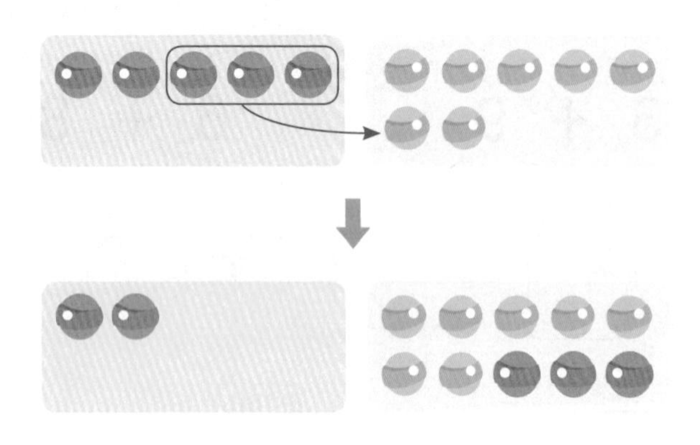

5 + 7

2 3

2 + 10 = 12

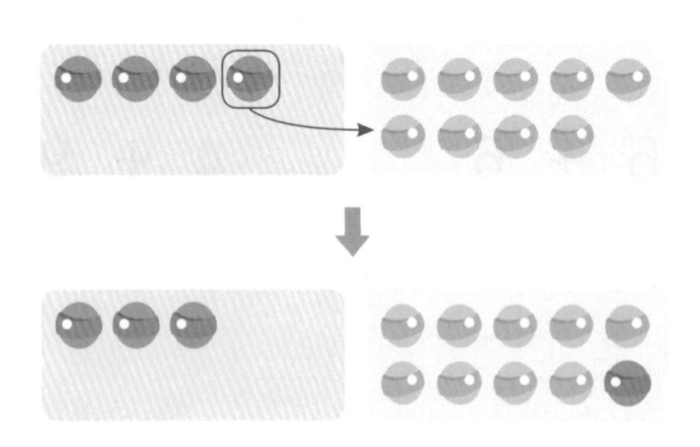

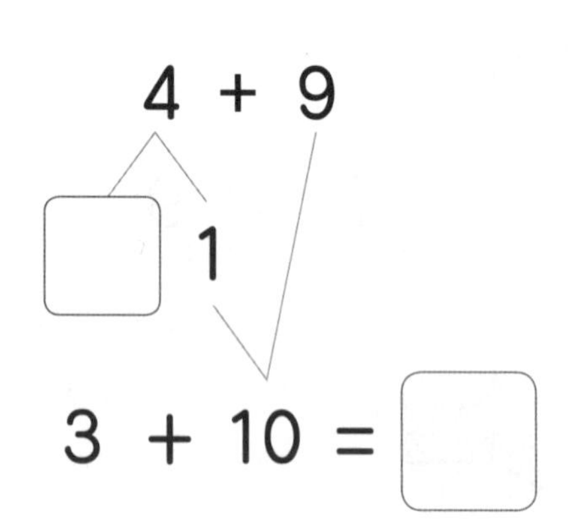

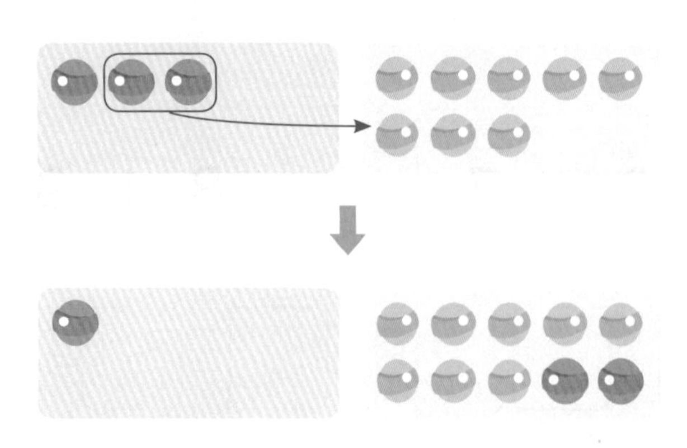

3 + 8

1

1 + 10 =

□ 안에 알맞은 수를 써넣으세요.

5 + 8

3 □

3 + 10 = □

6 + 9

□ 1

5 + 10 = □

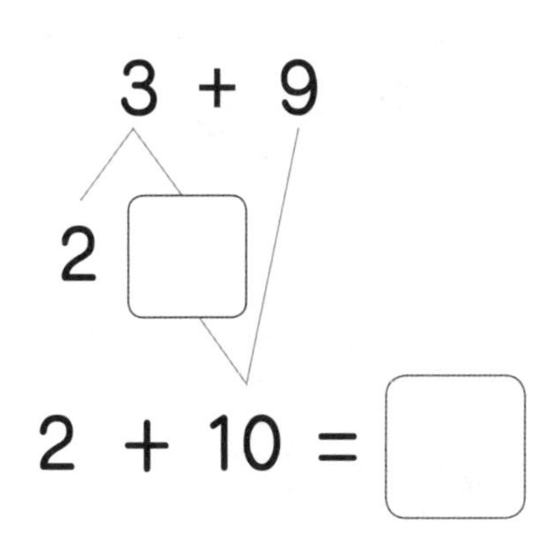

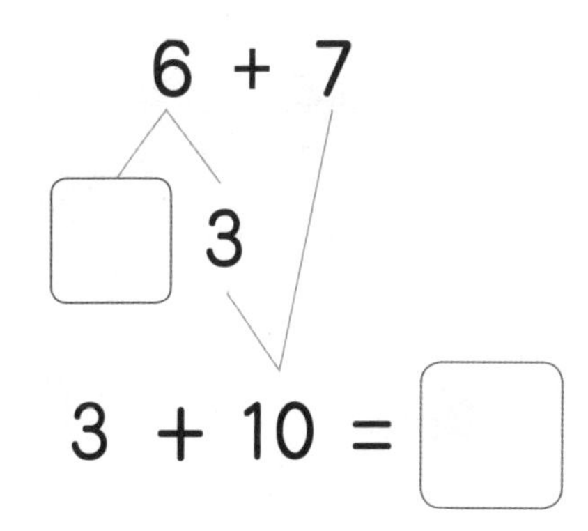

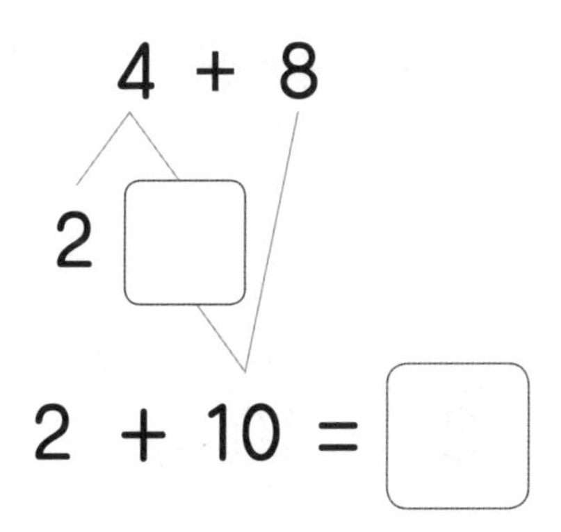

5 + 9

□ 1

4 + 10 = □

앞의 수를 갈라 10을 만들어 더하기를 해 보세요.

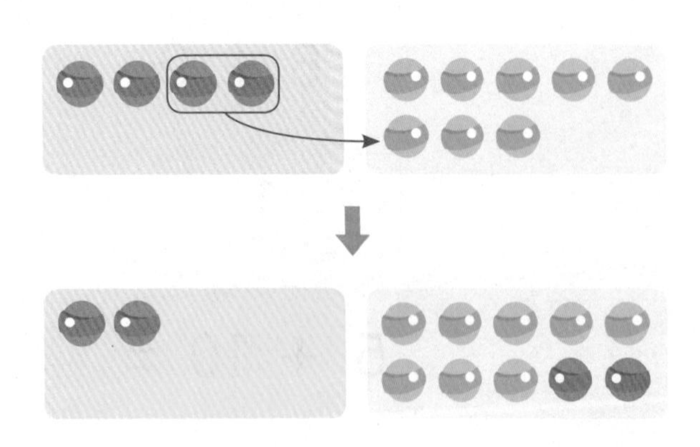

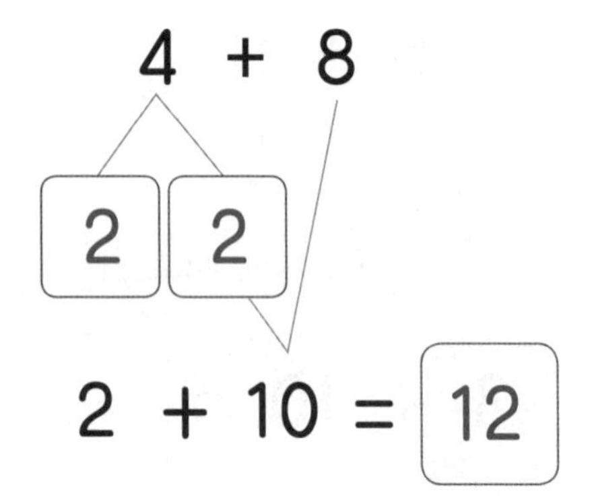

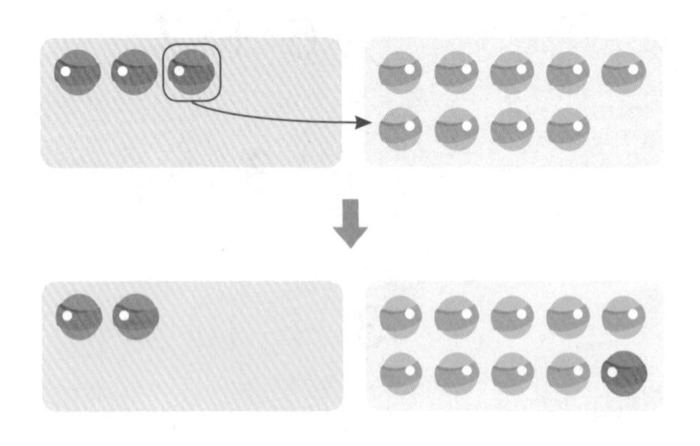

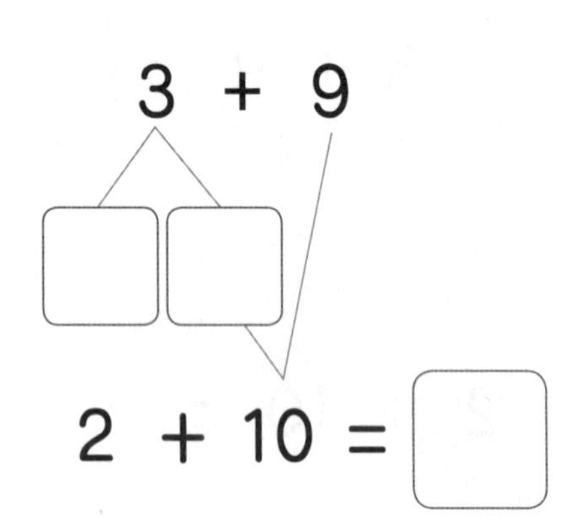

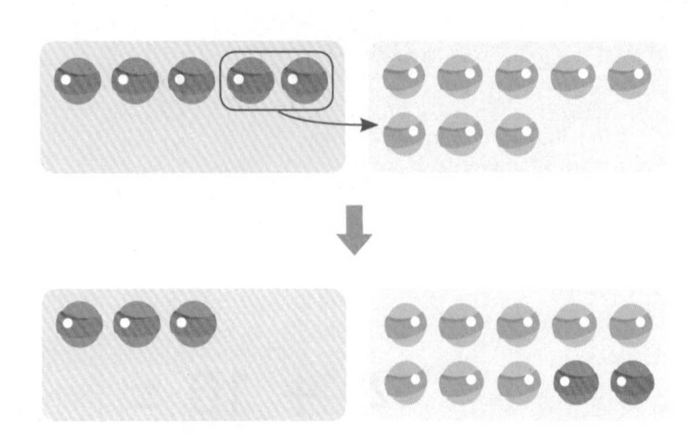

5 + 8

$\square$ $\square$

3 + 10 = $\square$

 □ 안에 알맞은 수를 써넣으세요.

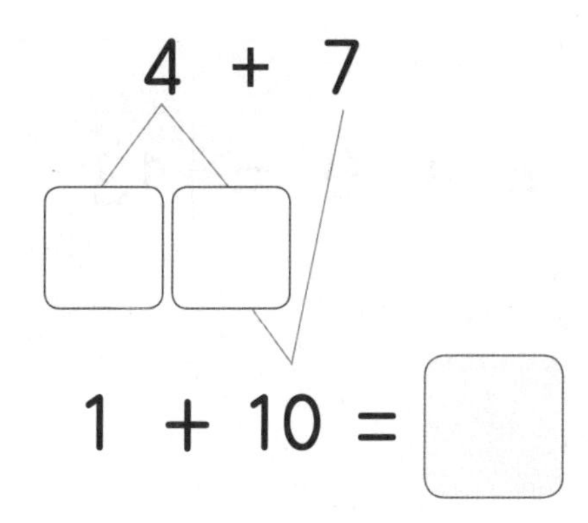

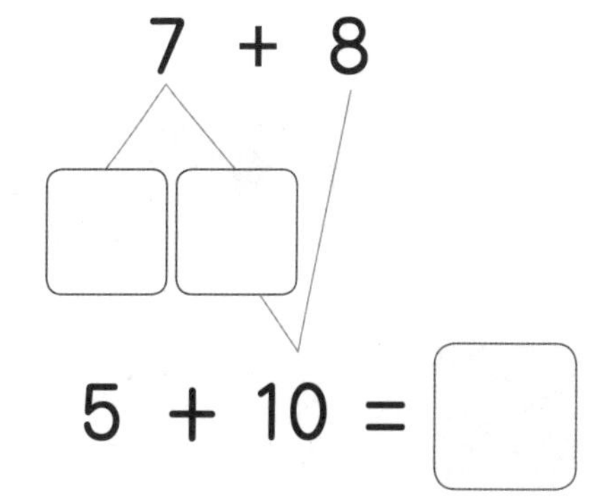

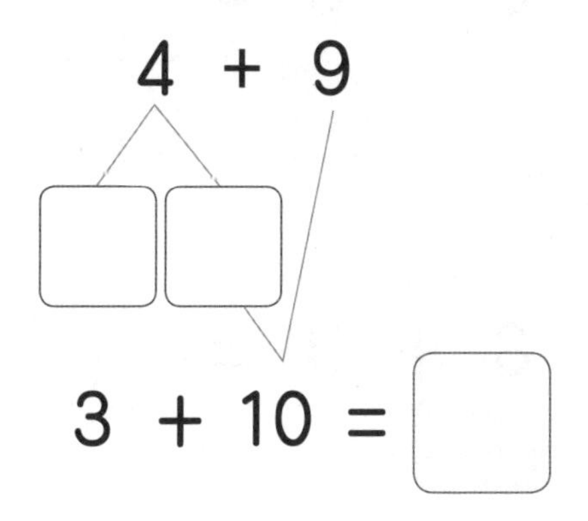

2 + 9

1 + 10 = □

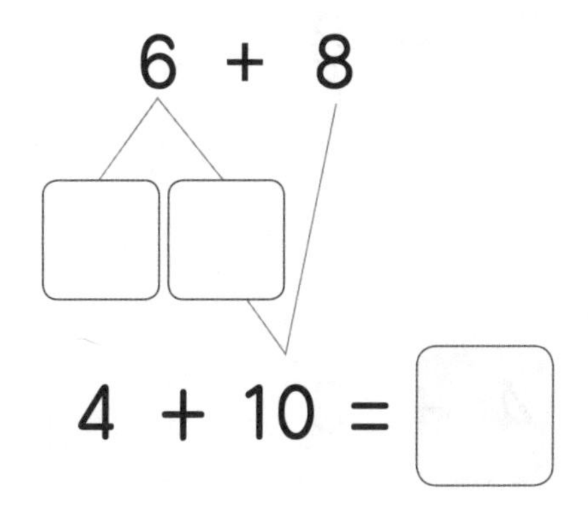

5 + 7

2 + 10 = □

앞의 수를 갈라 더하기 (2)

 앞의 수를 갈라 10을 만들어 더하기를 해 보세요.

5 + 8 = ☐
(5 → 3, 2)

6 + 8 = ☐

6 + 7 = ☐

8 + 9 = ☐

6 + 9 = ☐

7 + 8 = ☐

7 + 9 = ☐

4 + 8 = ☐

앞의 수를 갈라 10을 만들어 더하기를 해 보세요.

$4 + 7 = \square$ (4 → 1, 3)

$5 + 8 = \square$ (5 → 3, 2)

$3 + 9 = \square$

$7 + 9 = \square$

$6 + 7 = \square$

$5 + 6 = \square$

$5 + 7 = \square$

$3 + 8 = \square$

$6 + 9 = \square$

$6 + 8 = \square$

$8 + 9 = \square$

$7 + 9 = \square$

더하기 퍼즐

올바른 계산 결과를 찾아 ○표 하세요.

올바른 계산 결과를 찾아 선을 그어 보세요.

7 + 4 • — • 11 / • 12 / • 13

8 + 6 • — • 13 / • 14 / • 15

9 + 5 • — • 14 / • 15 / • 16

6 + 7 • — • 11 / • 12 / • 13

3 + 8 • — • 10 / • 11 / • 12

8 + 9 • — • 15 / • 16 / • 17

그림을 보고 더하기를 해 보세요.

+ = 11

5 + 6 = 11

+ =

+ =

+ =

+ =

+ =

+ =

+ =

계산 결과에 해당하는 글자를 찾아 써 넣고, 답을 알아보세요.

6 + 4 = 10 ······ 칠

8 + 4 = ☐ ······ 기

7 + 6 = ☐ ······ 사

6 + 8 = ☐ ······ 더

7 + 9 = ☐ ······ 하

8 + 7 = ☐ ······ 는

10	14	16	12	13	15	
칠						?

답 : ☐

5일차 문장제

 다음을 읽고, 괴물들이 잡아간 사람들은 몇 명인지 구해 보세요.

소마 마을에 사는 사람들은 서로 도우며 평화롭게 살고 있었습니다. 그러던 어느 날 밤, 어둠산에 사는 괴물들이 소마 마을에 오더니 "으흐흐, 소마 마을 사람들을 잡아가야겠어." 하며 밤새 마을 사람들을 잡아갔습니다.
다음 날 아침, 사람들이 사라진 것을 안 마을 사람들은 두려움에 떨기 시작했습니다.
"모두 몇 명이 사라졌지?"
"남자는 7명이 사라지고, 여자는 6명이 사라졌어."
괴물들이 잡아간 사람들은 모두 몇 명일까요?

 명

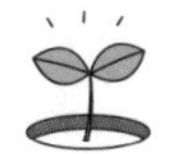 다음을 읽고, 물음에 답하세요.

민희는 구슬 7개를 가지고 있습니다. 친구에게 구슬 5개를 더 얻었습니다. 민희가 가지고 있는 구슬은 모두 몇 개일까요?

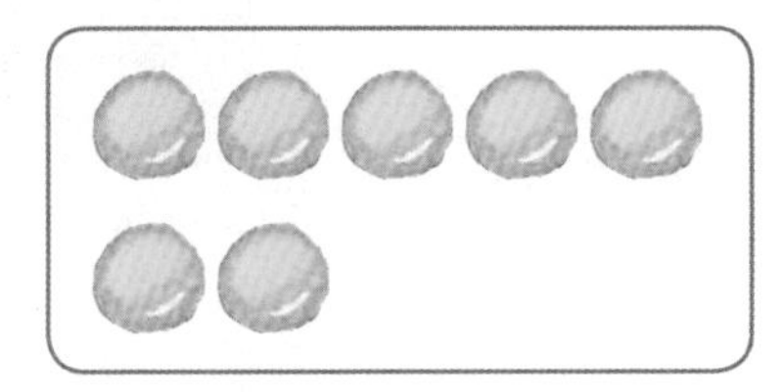

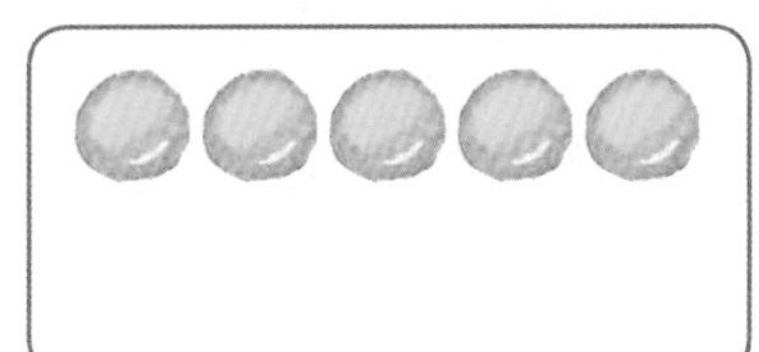

개

바구니에 초콜렛 6개와 사탕 7개가 있습니다. 바구니에 들어 있는 초콜렛과 사탕은 모두 몇 개일까요?

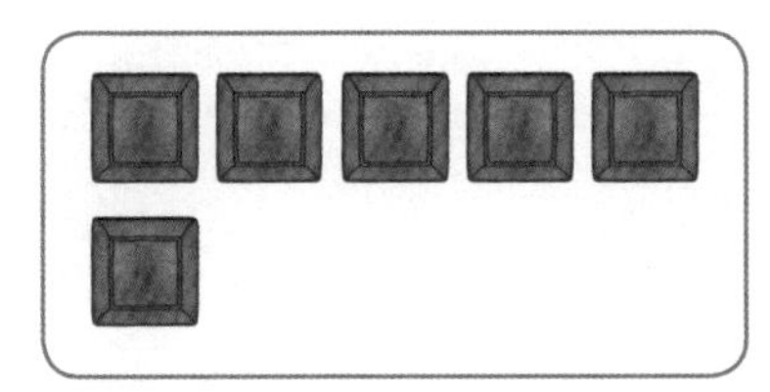

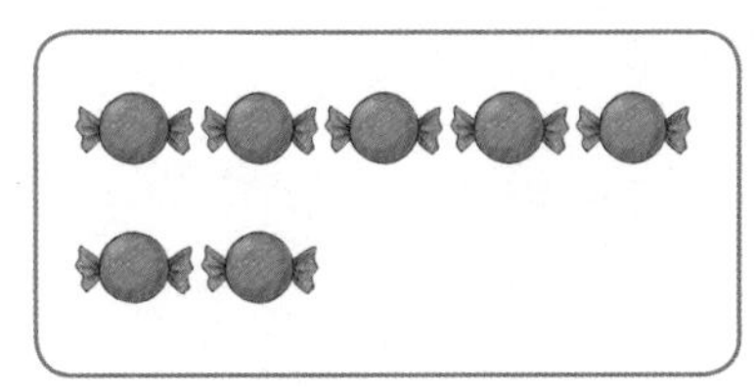

개

 다음을 읽고, 물음에 답하세요.

수현이는 동화책을 5권, 재선이는 동화책을 9권 가지고 있습니다. 수현이와 재선이가 가지고 있는 동화책은 모두 몇 권일까요?

 권

기욱이는 파란색 색종이 8장, 노란색 색종이 6장을 가지고 있습니다. 기욱이가 가진 색종이는 모두 몇 장일까요?

 장

냉장고에 사과 7개와 배 4개가 있습니다. 냉장고에 있는 과일은 모두 몇 개일까요?

 개

보충학습

Drill

10에서 더하기

□ 안에 알맞은 수를 써넣으세요.

$10 + 2 = \square$

$10 + 3 = \square$

$10 + 6 = \square$

$5 + 10 = \square$

$8 + 10 = \square$

$10 + 9 = \square$

$4 + 10 = \square$

$10 + 4 = \square$

$10 + 1 = \square$

$10 + 5 = \square$

$7 + 10 = \square$

$6 + 10 = \square$

$3 + 10 = \square$

$9 + 10 = \square$

□ 안에 알맞은 수를 써넣으세요.

$10 + \square = 11$

$\square + 10 = 13$

$10 + \square = 15$

$\square + 10 = 14$

$10 + \square = 16$

$\square + 10 = 18$

$10 + \square = 17$

$\square + 10 = 14$

$10 + \square = 12$

$\square + 10 = 13$

$\square + 10 = 19$

$10 + \square = 17$

$\square + 10 = 16$

$\square + 10 = 15$

세 수 더하기

더해서 10이 되는 두 수를 찾아 □ 안에 알맞은 수를 써넣으세요.

$7 + 3 + 6 =$ □

$4 + 5 + 6 =$ □

$9 + 3 + 1 =$ □

$9 + 8 + 2 =$ □

$3 + 7 + 2 =$ □

$1 + 9 + 3 =$ □

$5 + 5 + 6 =$ □

$2 + 8 + 1 =$ □

$7 + 5 + 5 =$ □

$6 + 4 + 2 =$ □

$5 + 8 + 5 =$ □

$4 + 4 + 6 =$ □

$3 + 5 + 7 =$ □

$6 + 1 + 4 =$ □

더해서 10이 되는 두 수를 찾아 □ 안에 알맞은 수를 써넣으세요.

$2 + 3 + 8 = \square$

$9 + 1 + 4 = \square$

$7 + 3 + 3 = \square$

$8 + 2 + 7 = \square$

$1 + 7 + 9 = \square$

$3 + 5 + 5 = \square$

$3 + 7 + 6 = \square$

$6 + 4 + 9 = \square$

$5 + 2 + 5 = \square$

$4 + 6 + 1 = \square$

$5 + 3 + 7 = \square$

$5 + 5 + 4 = \square$

$3 + 2 + 8 = \square$

$4 + 7 + 6 = \square$

10을 이용한 더하기 (1)

뒤의 수를 갈라 10을 만들어 더하기를 해 보세요.

$6 + 5 = \square$

$8 + 6 = \square$

$7 + 5 = \square$

$9 + 4 = \square$

$8 + 3 = \square$

$7 + 6 = \square$

$9 + 5 = \square$

$8 + 4 = \square$

$9 + 3 = \square$

$7 + 4 = \square$

$9 + 7 = \square$

$8 + 5 = \square$

$9 + 8 = \square$

$9 + 6 = \square$

뒤의 수를 갈라 10을 만들어 더하기를 해 보세요.

$4 + 7 = \square$

$8 + 9 = \square$

$4 + 9 = \square$

$7 + 5 = \square$

$8 + 6 = \square$

$9 + 5 = \square$

$8 + 8 = \square$

$6 + 5 = \square$

$8 + 3 = \square$

$7 + 7 = \square$

$6 + 6 = \square$

$8 + 4 = \square$

$7 + 6 = \square$

$9 + 9 = \square$

10을 이용한 더하기 (2)

앞의 수를 갈라 10을 만들어 더하기를 해 보세요.

$5 + 7 = \square$

$2 + 9 = \square$

$5 + 8 = \square$

$4 + 7 = \square$

$5 + 9 = \square$

$4 + 9 = \square$

$6 + 9 = \square$

$3 + 9 = \square$

$4 + 8 = \square$

$6 + 7 = \square$

$6 + 8 = \square$

$7 + 9 = \square$

$3 + 8 = \square$

$7 + 8 = \square$

앞의 수를 갈라 10을 만들어 더하기를 해 보세요.

$3 + 8 = \square$

$3 + 9 = \square$

$2 + 8 = \square$

$3 + 7 = \square$

$5 + 6 = \square$

$4 + 8 = \square$

$6 + 7 = \square$

$2 + 9 = \square$

$4 + 7 = \square$

$5 + 8 = \square$

$6 + 8 = \square$

$8 + 9 = \square$

$5 + 9 = \square$

$7 + 7 = \square$

Note

소마의 마술같은 원리셈

정답

P 8 ~ 9

1일차 합이 10인 더하기 (1)

수 구슬이 모두 10개가 되도록 ○를 그리고, □ 안에 알맞은 수를 써넣으세요.

6 + 4 = 10

3 + 7 = 10

5 + 5 = 10

2 + 8 = 10

□ 안에 알맞은 수를 써넣으세요.

8 + 2 = 10   5 + 5 = 10

4 + 6 = 10   9 + 1 = 10

7 + 3 = 10   3 + 7 = 10

1 + 9 = 10   2 + 8 = 10

4 + 6 = 10   7 + 3 = 10

TIP
합이 10인 더하기는 가르기와 모으기를 통해 익힌 10의 보수 개념을 바탕으로 받아올림이 있는 덧셈을 익히는데 기초가 됩니다.

P 10 ~ 11

2일차 합이 10인 더하기 (2)

□ 안에 알맞은 수를 써넣으세요.

3 + 7 = 10   6 + 4 = 10

7 + 3 = 10   1 + 9 = 10

8 + 2 = 10   1 + 9 = 10

5 + 5 = 10   6 + 4 = 10

8 + 2 = 10   3 + 7 = 10

7 + 3 = 10   2 + 8 = 10

올바른 계산 결과가 되도록 길을 그려 보세요.

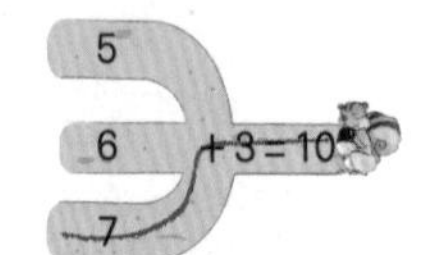

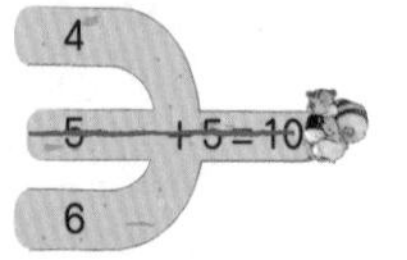

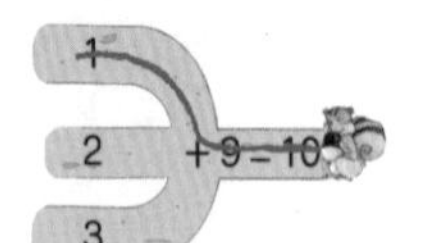

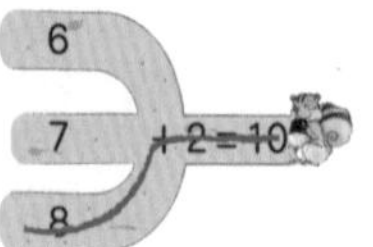

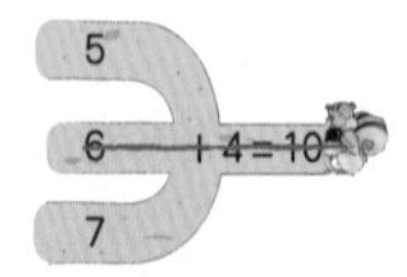

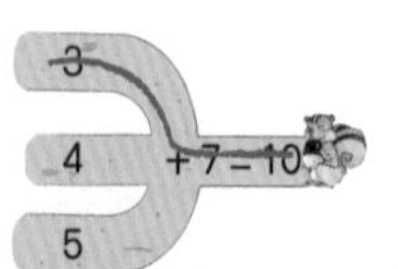

3 일차 10에서 더하기 (1)

P 12 ~ 13

그림을 보고 □ 안에 알맞은 수를 써넣으세요.

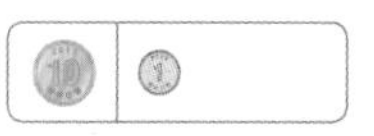

10 + 1 = 11

10 + 2 = 12

10 + 3 = 13

10 + 4 = 14

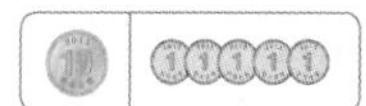

10 + 5 = 15

10 + 6 = 16

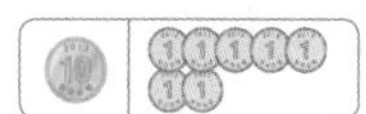

10 + 7 = 17

10 + 8 = 18

□ 안에 알맞은 수를 써넣으세요.

10 + 4 = 14

10 + 1 = 11

10 + 2 = 12

10 + 7 = 17

10 + 9 = 19

10 + 3 = 13

5 + 10 = 15

6 + 10 = 16

8 + 10 = 18

4 + 10 = 14

7 + 10 = 17

9 + 10 = 19

4 일차 10에서 더하기 (2)

P 14 ~ 15

그림을 보고 □ 안에 알맞은 수를 써넣으세요.

10 + 2 = 12

10 + 4 = 14

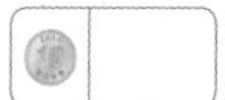

10 + 3 = 13

10 + 7 = 17

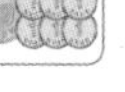

10 + 6 = 16

10 + 1 = 11

10 + 5 = 15

10 + 8 = 18

□ 안에 알맞은 수를 써넣으세요.

10 + 1 = 11

4 + 10 = 14

10 + 2 = 12

10 + 6 = 16

5 + 10 = 15

3 + 10 = 13

6 + 10 = 16

10 + 8 = 18

10 + 7 = 17

6 + 10 = 16

9 + 10 = 19

10 + 4 = 14

P 16 ~ 17

5일차 빈칸 채우기

□ 안에 알맞은 수를 써넣으세요.

10 + 2 = 12
10 + 2 = 12

10 + 5 = 15
10 + 5 = 15

10 + 8 = 18
10 + 8 = 18

10 + 6 = 16
10 + 6 = 16

10 + 4 = 14
10 + 4 = 14

10 + 9 = 19
10 + 9 = 19

규칙을 찾아 빈칸에 알맞은 수를 써넣으세요.

P 20 ~ 21

1일차 10을 이용한 세 수 더하기

2주

두 수를 더해서 10을 먼저 만들어 세 수 더하기를 해 보세요.

7 + 3 + 4 = 14

6 + 4 + 2 = 12

8 + 2 + 4 = 14

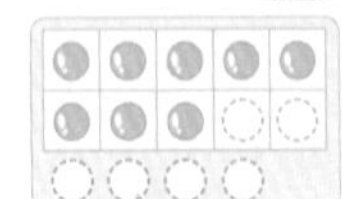

5 + 5 + 3 = 13

4 + 6 + 1 = 11

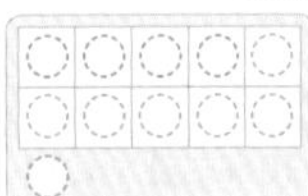

9 + 1 + 5 = 15

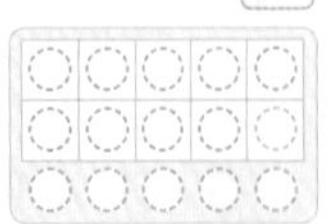

두 수를 더해서 10을 먼저 만들어 세 수 더하기를 해 보세요.

5 + 5 + 3 = 13 (5 + 5 = 10)

7 + 3 + 2 = 12

9 + 1 + 5 = 15

6 + 4 + 3 = 13

8 + 2 + 4 = 14

4 + 6 + 7 = 17

3 + 7 + 5 = 15

2 + 8 + 1 = 11

6 + 4 + 6 = 16

5 + 5 + 9 = 19

TIP

연이은 덧셈에서 10을 만들어 더하는 계산 원리는 받아올림이 있는 두 수의 덧셈을 이해하는 준비단계입니다.

2일차 10 만들어 세 수 더하기 (1)

더해서 10이 되는 두 수를 먼저 계산하여 세 수 더하기를 해 보세요.

(6)+(4)+2 → 10 + 2 = 12

(8)+(2)+3 → 10 + 3 = 13

4 +(3)+(7) → 4 + 10 = 14

(4)+ 5 +(6) → 10 + 5 = 15

2주 월 일

더해서 10이 되는 두 수를 먼저 계산하여 세 수 더하기를 해 보세요.

(1)+(9)+ 3 → 10 + 3 = 13

(5)+(5)+ 8 → 10 + 8 = 18

4 +(7)+(3) → 4 + 10 = 14

1 +(4)+(6) → 1 + 10 = 11

(8)+ 5 +(2) → 10 + 5 = 15

(3)+ 6 +(7) → 10 + 6 = 16

(6)+(4)+ 2 → 10 + 2 = 12

(5)+ 7 +(5) → 10 + 7 = 17

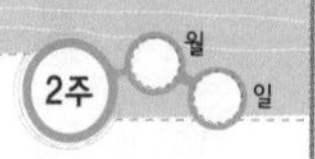

P 22 ~ 23

3일차 10 만들어 세 수 더하기 (2)

원 위의 세 수 중 더해서 10이 되는 두 수를 찾아 ○표 하고, 세 수를 더하여 □ 안에 써 보세요.

5, 3, 5 → 13

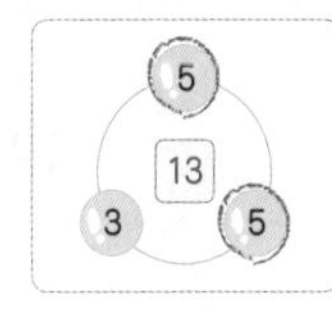

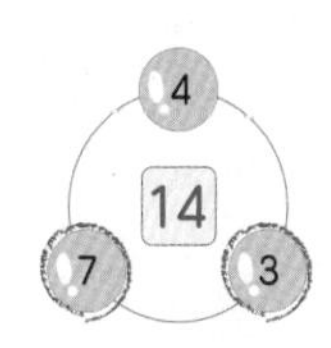

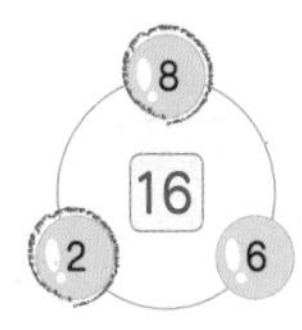

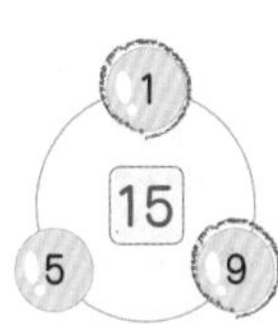

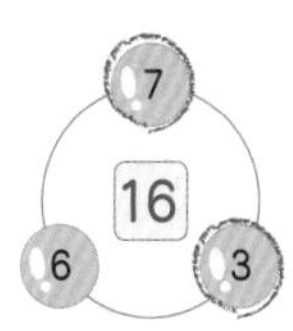

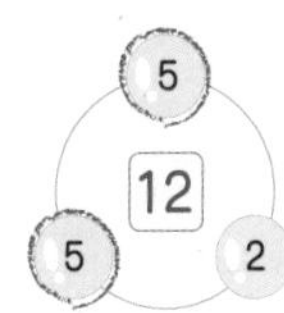

2주 월 일

더해서 10이 되는 두 수를 찾아 □ 안에 알맞은 수를 써넣으세요.

3 +(4)+(6)= 13 (4 + 6 = 10)

(8)+ 1 +(2)= 11 (8 + 2 = 10)

5 + 5 + 6 = 16

7 + 8 + 2 = 17

9 + 5 + 1 = 15

6 + 4 + 8 = 18

9 + 3 + 7 = 19

5 + 4 + 5 = 14

2 + 8 + 3 = 13

7 + 1 + 9 = 17

4 + 8 + 6 = 18

2 + 8 + 1 = 11

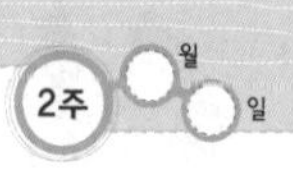

P 24 ~ 25

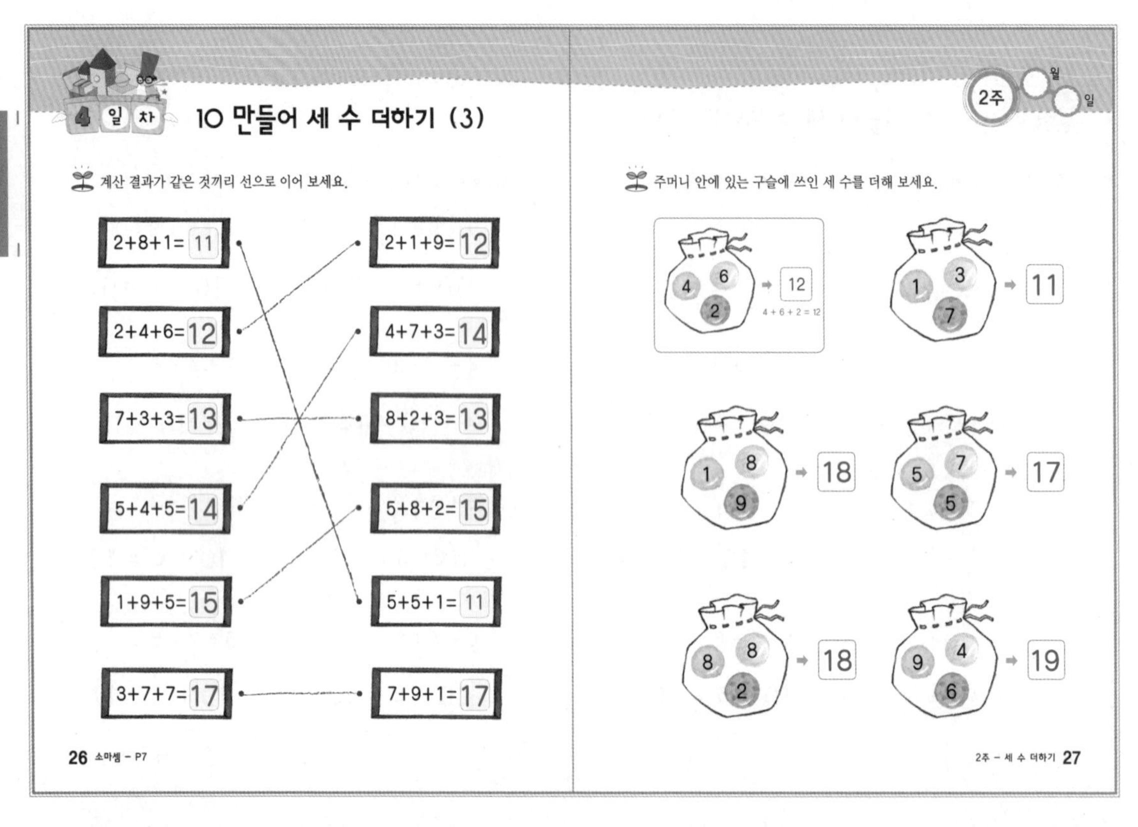
P 26 ~ 27
4 일차 10 만들어 세 수 더하기 (3)
계산 결과가 같은 것끼리 선으로 이어 보세요.
2+8+1= 11
2+4+6= 12
7+3+3= 13
5+4+5= 14
1+9+5= 15
3+7+7= 17
2+1+9= 12
4+7+3= 14
8+2+3= 13
5+8+2= 15
5+5+1= 11
7+9+1= 17
26 소마셈 - P7
2주 월 일
주머니 안에 있는 구슬에 쓰인 세 수를 더해 보세요.
4 6 2 → 12
4 + 6 + 2 = 12
1 3 7 → 11
1 8 9 → 18
5 7 5 → 17
8 8 2 → 18
9 4 6 → 19
2주 - 세 수 더하기 27

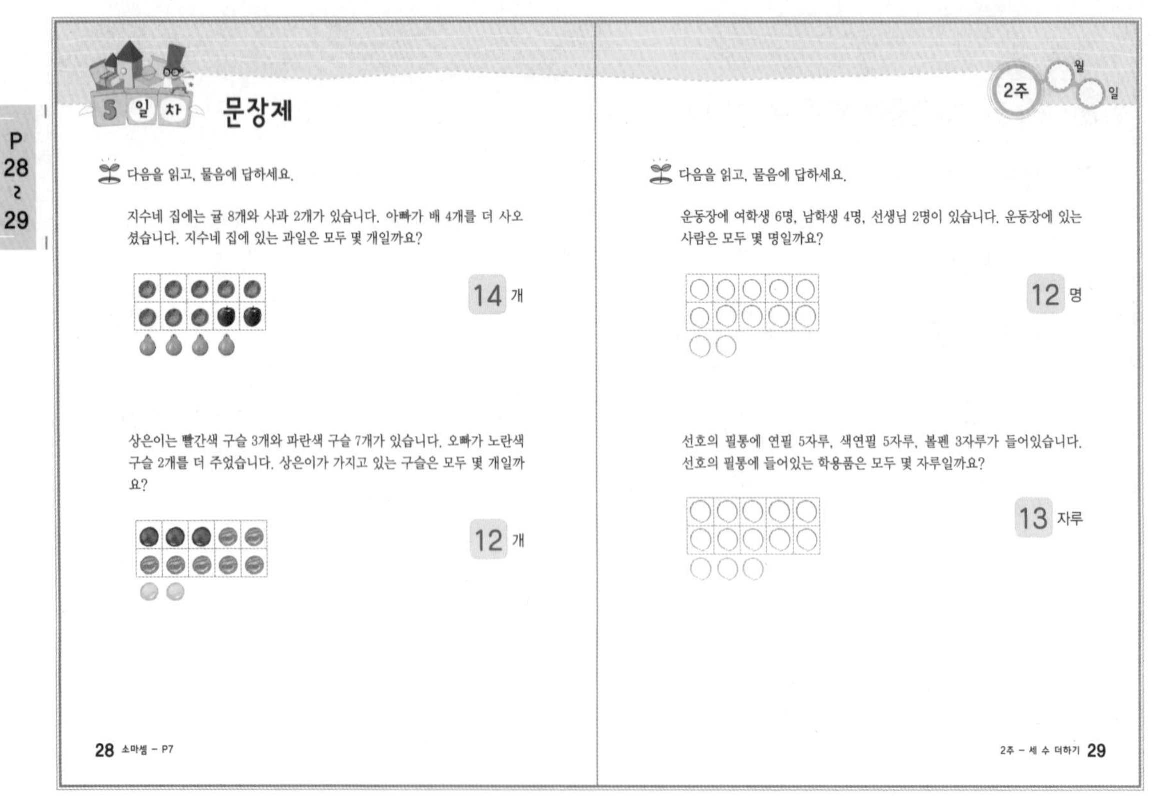
P 28 ~ 29
5 일차 문장제
다음을 읽고, 물음에 답하세요.
지수네 집에는 귤 8개와 사과 2개가 있습니다. 아빠가 배 4개를 더 사오셨습니다. 지수네 집에 있는 과일은 모두 몇 개일까요?
14 개
상은이는 빨간색 구슬 3개와 파란색 구슬 7개가 있습니다. 오빠가 노란색 구슬 2개를 더 주었습니다. 상은이가 가지고 있는 구슬은 모두 몇 개일까요?
12 개
28 소마셈 - P7
2주 월 일
다음을 읽고, 물음에 답하세요.
운동장에 여학생 6명, 남학생 4명, 선생님 2명이 있습니다. 운동장에 있는 사람은 모두 몇 명일까요?
12 명
선호의 필통에 연필 5자루, 색연필 5자루, 볼펜 3자루가 들어있습니다. 선호의 필통에 들어있는 학용품은 모두 몇 자루일까요?
13 자루
2주 - 세 수 더하기 29

P 30

다음을 읽고, 물음에 답하세요.

정현이는 빨간 색종이 8장, 노란 색종이 2장을 가지고 있습니다. 동생이 파란 색종이 5장을 더 주었을 때, 정현이가 가진 색종이는 모두 몇 장일까요?

8+2+5=15 15 장

주머니에 검은색 바둑돌 7개와 흰색 바둑돌 3개가 들어있습니다. 주머니에 흰색 바둑돌 1개를 더 넣으면 주머니에 들어 있는 바둑돌은 모두 몇 개일까요?

7+3+1=11 11 개

꽃밭의 꽃 위에 나비가 1마리, 벌이 9마리 앉아있습니다. 나비 6마리가 더 날아왔다면 꽃밭에 나비와 벌은 모두 몇 마리일까요?

1+9+6=16 16 마리

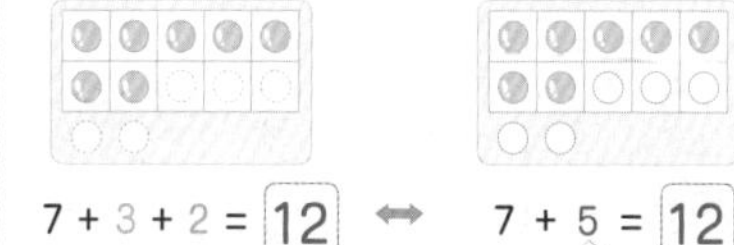

10 만들어 더하기

1일차

더하는 수만큼 ○를 그리고, 더하기를 해 보세요.

7 + 3 + 2 = 12 ↔ 7 + 5 = 12 (3, 2)

6 + 4 + 1 = 11 ↔ 6 + 5 = 11

8 + 2 + 5 = 15 ↔ 8 + 7 = 15

3주 월 일

P 32 ~ 33

□ 안에 알맞은 수를 써넣으세요.

7 + 3 + 4 = 14 ↔ 7 + 7 = 14 (3, 4)

9 + 1 + 2 = 12 ↔ 9 + 3 = 12

8 + 2 + 3 = 13 ↔ 8 + 5 = 13

5 + 5 + 1 = 11 ↔ 5 + 6 = 11

7 + 3 + 3 = 13 ↔ 7 + 6 = 13

8 + 2 + 2 = 12 ↔ 8 + 4 = 12

정답

P 34 ~ 35

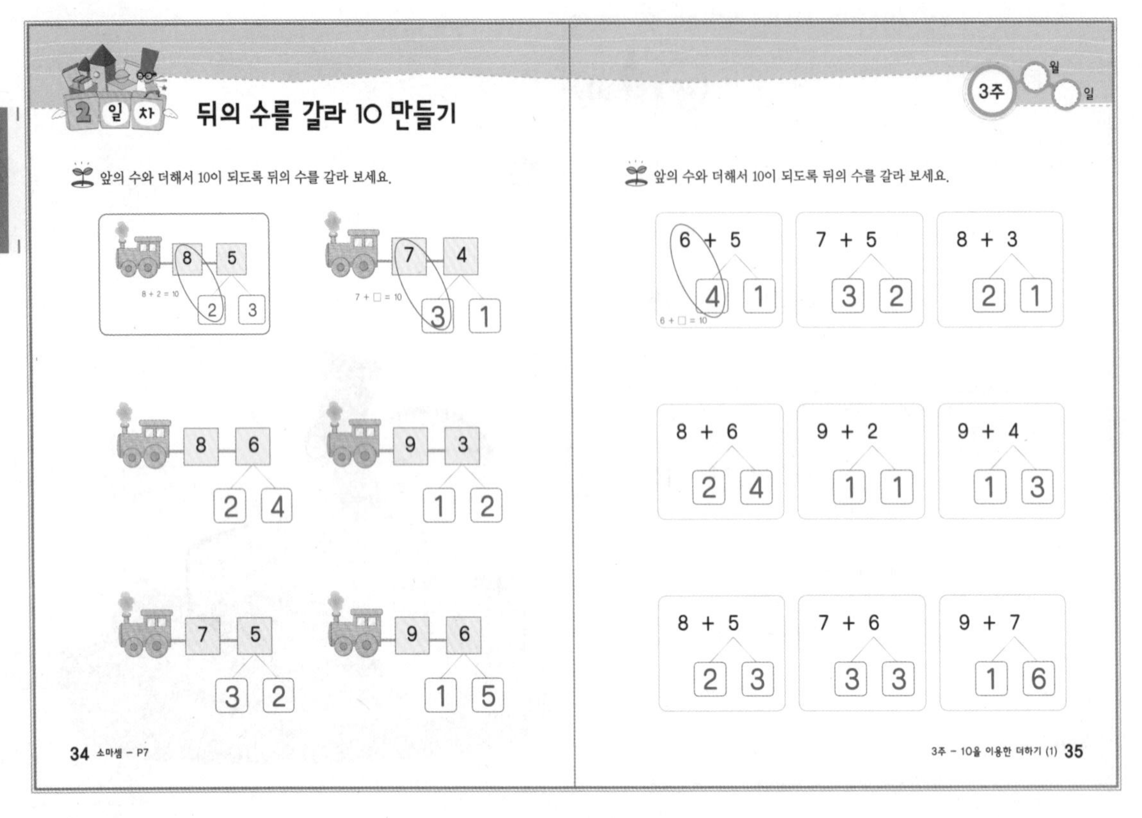
2 일 차
뒤의 수를 갈라 10 만들기
앞의 수와 더해서 10이 되도록 뒤의 수를 갈라 보세요.
8 5
8 + 2 = 10
2 3
7 4
7 + □ = 10
3 1
8 6
2 4
9 3
1 2
7 5
3 2
9 6
1 5
34 소마셈 - P7
3주 월 일
앞의 수와 더해서 10이 되도록 뒤의 수를 갈라 보세요.
6 + 5
4 1
6 + □ = 10
7 + 5
3 2
8 + 3
2 1
8 + 6
2 4
9 + 2
1 1
9 + 4
1 3
8 + 5
2 3
7 + 6
3 3
9 + 7
1 6
3주 - 10을 이용한 더하기 (1) 35

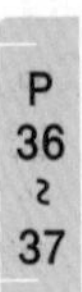
P 36 ~ 37

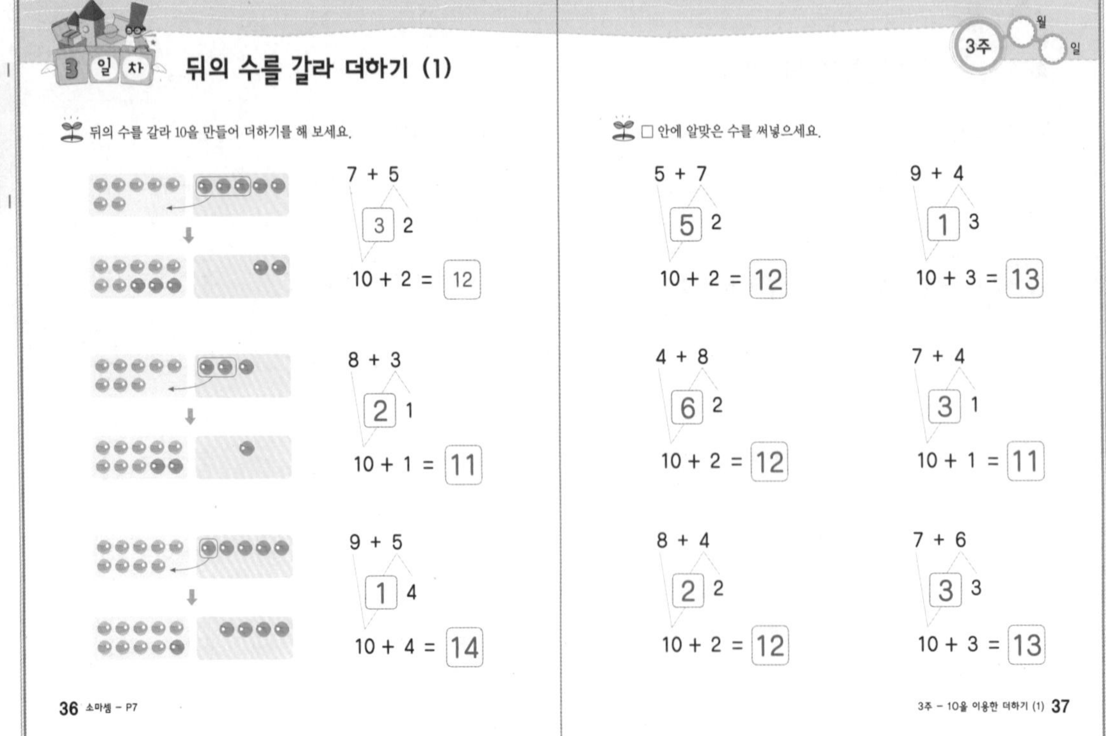
3 일 차
뒤의 수를 갈라 더하기 (1)
뒤의 수를 갈라 10을 만들어 더하기를 해 보세요.
7 + 5
3 2
10 + 2 = 12
8 + 3
2 1
10 + 1 = 11
9 + 5
1 4
10 + 4 = 14
36 소마셈 - P7
3주 월 일
□ 안에 알맞은 수를 써넣으세요.
5 + 7
5 2
10 + 2 = 12
9 + 4
1 3
10 + 3 = 13
4 + 8
6 2
10 + 2 = 12
7 + 4
3 1
10 + 1 = 11
8 + 4
2 2
10 + 2 = 12
7 + 6
3 3
10 + 3 = 13
3주 - 10을 이용한 더하기 (1) 37

3주

P 38 ~ 39

뒤의 수를 갈라 10을 만들어 더하기를 해 보세요.

8 + 7 → 2 5 → 10 + 5 = 15

8 + 4 → 2 2 → 10 + 2 = 12

7 + 4 → 3 1 → 10 + 1 = 11

□ 안에 알맞은 수를 써넣으세요.

8 + 6 → 2 4 → 10 + 4 = 14

5 + 6 → 5 1 → 10 + 1 = 11

5 + 8 → 5 3 → 10 + 3 = 13

6 + 6 → 4 2 → 10 + 2 = 12

9 + 5 → 1 4 → 10 + 4 = 14

8 + 5 → 2 3 → 10 + 3 = 13

4일차 뒤의 수를 갈라 더하기 (2)

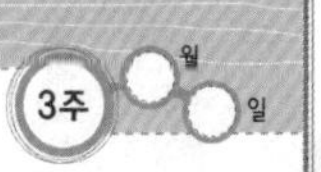

3주 월 일

P 40 ~ 41

뒤의 수를 갈라 10을 만들어 더하기를 해 보세요.

7 + 8 = 15 (3 5)

9 + 3 = 12 (1 2)

7 + 4 = 11

6 + 8 = 14

8 + 7 = 15

8 + 8 = 16

7 + 7 = 14

9 + 5 = 14

6 + 6 = 12

뒤의 수를 갈라 10을 만들어 더하기를 해 보세요.

8 + 4 = 12 (2 2)

6 + 5 = 11 (4 1)

7 + 4 = 11

8 + 6 = 14

9 + 2 = 11

9 + 6 = 15

8 + 7 = 15

9 + 3 = 12

7 + 5 = 12

9 + 8 = 17

8 + 3 = 11

9 + 4 = 13

P 42 ~ 43

바꾸어 더하기

더하는 수만큼 ○를 그리고 더하기를 해 보세요.

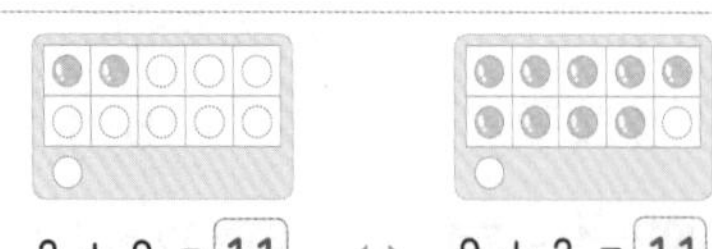

2 + 9 = 11 ↔ 9 + 2 = 11

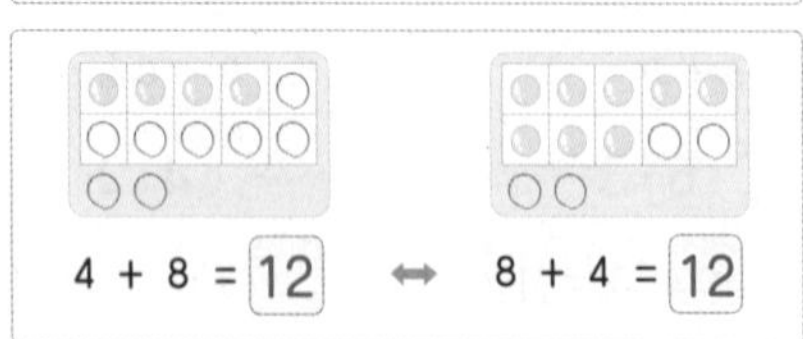

4 + 8 = 12 ↔ 8 + 4 = 12

5 + 9 = 14 ↔ 9 + 5 = 14

□ 안에 알맞은 수를 써넣으세요.

3 + 9 = 12 ↔ 9 + 3 = 12

6 + 8 = 14 ↔ 8 + 6 = 14

5 + 8 = 13 ↔ 8 + 5 = 13

4 + 7 = 11 ↔ 7 + 4 = 11

5 + 9 = 14 ↔ 9 + 5 = 14

TIP

2+9를 계산할 때, 2에 9를 더하는 것보다는 9에 2를 더하는 것이 더 편리합니다. 일반적으로 아이들이 작은 수보다는 큰 수를 더하는 것을 어려워하므로 바꾸어 계산하는 방법을 알도록 합니다.

P 46 ~ 47

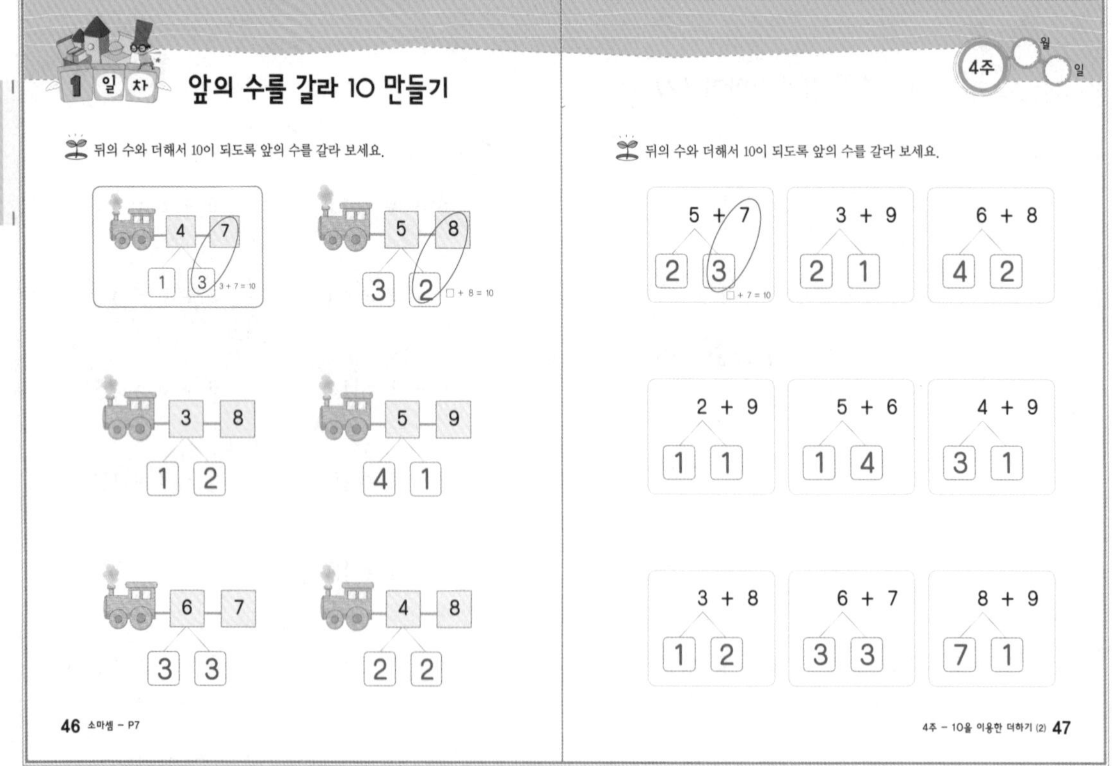

앞의 수를 갈라 10 만들기

뒤의 수와 더해서 10이 되도록 앞의 수를 갈라 보세요.

4 + 7 → 1, 3 (3 + 7 = 10)

5 + 8 → 3, 2 (□ + 8 = 10)

3 + 8 → 1, 2

5 + 9 → 4, 1

6 + 7 → 3, 3

4 + 8 → 2, 2

뒤의 수와 더해서 10이 되도록 앞의 수를 갈라 보세요.

5 + 7 → 2, 3 (□ + 7 = 10)

3 + 9 → 2, 1

6 + 8 → 4, 2

2 + 9 → 1, 1

5 + 6 → 1, 4

4 + 9 → 3, 1

3 + 8 → 1, 2

6 + 7 → 3, 3

8 + 9 → 7, 1

2 일차

앞의 수를 갈라 더하기 (1)

앞의 수를 갈라 10을 만들어 더하기를 해 보세요.

5 + 7
2 3
2 + 10 = 12

4 + 9
3 1
3 + 10 = 13

3 + 8
1 2
1 + 10 = 11

4주 월 일

□ 안에 알맞은 수를 써넣으세요.

5 + 8
3 2
3 + 10 = 13

6 + 9
5 1
5 + 10 = 15

3 + 9
2 1
2 + 10 = 12

6 + 7
3 3
3 + 10 = 13

4 + 8
2 2
2 + 10 = 12

5 + 9
4 1
4 + 10 = 14

앞의 수를 갈라 10을 만들어 더하기를 해 보세요.

4 + 8
2 2
2 + 10 = 12

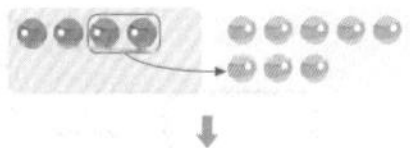

3 + 9
2 1
2 + 10 = 12

5 + 8
3 2
3 + 10 = 13

4주

□ 안에 알맞은 수를 써넣으세요.

4 + 7
1 3
1 + 10 = 11

7 + 8
5 2
5 + 10 = 15

4 + 9
3 1
3 + 10 = 13

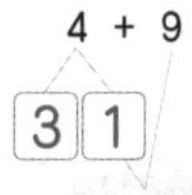

2 + 9
1 1
1 + 10 = 11

6 + 8
4 2
4 + 10 = 14

5 + 7
2 3
2 + 10 = 12

P 52 ~ 53

3일차 앞의 수를 갈라 더하기 (2)

앞의 수를 갈라 10을 만들어 더하기를 해 보세요.

4 + 9 = 13 (3, 1)

5 + 8 = 13 (3, 2)　　6 + 8 = 14

6 + 7 = 13　　8 + 9 = 17

6 + 9 = 15　　7 + 8 = 15

7 + 9 = 16　　4 + 8 = 12

4주 월 일

앞의 수를 갈라 10을 만들어 더하기를 해 보세요.

4 + 7 = 11 (1, 3)　　5 + 8 = 13 (3, 2)

3 + 9 = 12　　7 + 9 = 16

6 + 7 = 13　　5 + 6 = 11

5 + 7 = 12　　3 + 8 = 11

6 + 9 = 15　　6 + 8 = 14

8 + 9 = 17　　7 + 9 = 16

P 54 ~ 55

4일차 더하기 퍼즐

올바른 계산 결과를 찾아 ○표 하세요.

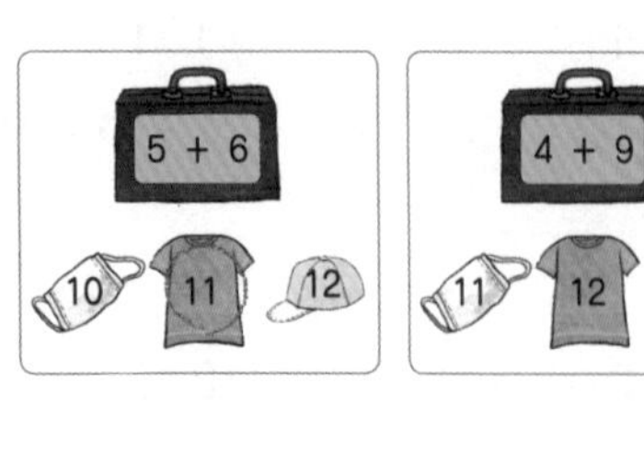

4주 월 일

올바른 계산 결과를 찾아 선을 그어 보세요.

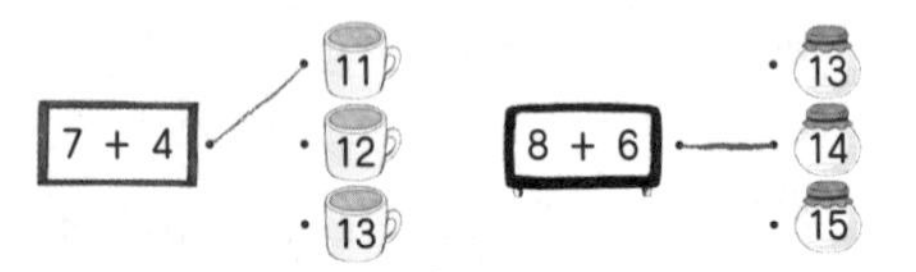

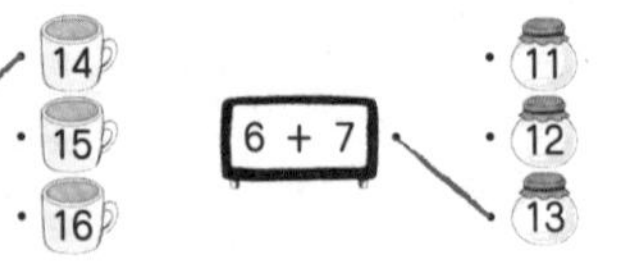

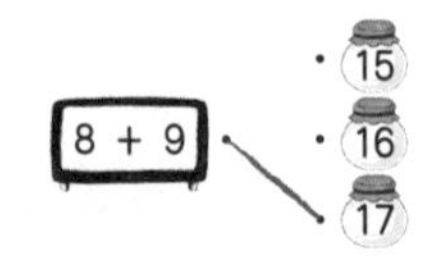

그림을 보고 더하기를 해 보세요.

닭 + 개 = 11 (5 + 6 = 11)
쥐 + 돼지 = 16
고양이 + 닭 = 13
개 + 개 = 12
돼지 + 고양이 = 17
고양이 + 쥐 = 15
닭 + 돼지 = 14
개 + 고양이 = 14

계산 결과에 해당하는 글자를 찾아 써 넣고, 답을 알아보세요.

6 + 4 = 10 칠　　8 + 4 = 12 기

7 + 6 = 13 사　　6 + 8 = 14 더

7 + 9 = 16 하　　8 + 7 = 15 는

10	14	16	12	13	15	
칠	더	하	기	사	는	?

답 : 11

P 56 ~ 57

5일차 문장제

다음을 읽고, 괴물들이 잡아간 사람들은 몇 명인지 구해 보세요.

소마 마을에 사는 사람들은 서로 도우며 평화롭게 살고 있었습니다. 그러던 어느 날 밤, 어둠산에 사는 괴물들이 소마 마을에 오더니 "으흐흐, 소마 마을 사람들을 잡아가야겠어." 하며 밤새 마을 사람들을 잡아갔습니다.
다음 날 아침, 사람들이 사라진 것을 안 마을 사람들은 두려움에 떨기 시작했습니다.
"모두 몇 명이 사라졌지?"
"남자는 7명이 사라지고, 여자는 6명이 사라졌어."
괴물들이 잡아간 사람들은 모두 몇 명일까요?

13 명

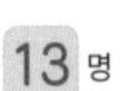

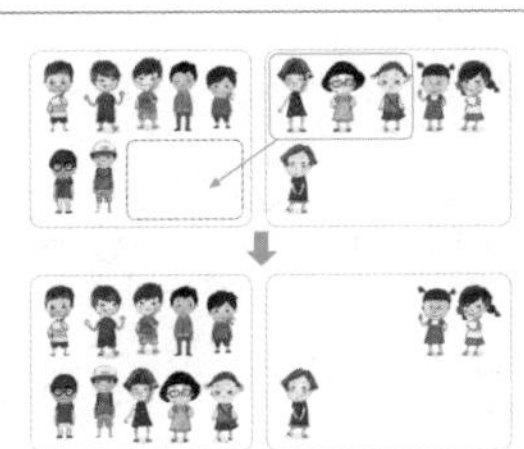

4주 월 일

다음을 읽고, 물음에 답하세요.

민희는 구슬 7개를 가지고 있습니다. 친구에게 구슬 5개를 더 얻었습니다. 민희가 가지고 있는 구슬은 모두 몇 개일까요?

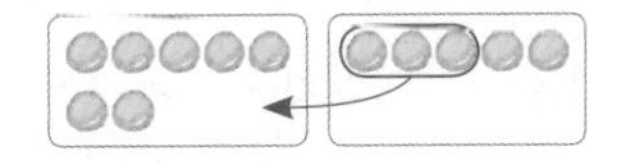

12 개

바구니에 초콜릿 6개와 사탕 7개가 있습니다. 바구니에 들어 있는 초콜릿과 사탕은 모두 몇 개일까요?

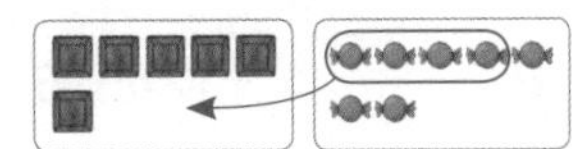

13 개

P 58 ~ 59

P 60

4주

다음을 읽고, 물음에 답하세요.

수현이는 동화책을 5권, 재선이는 동화책을 9권 가지고 있습니다. 수현이와 재선이가 가지고 있는 동화책은 모두 몇 권일까요?

5+9=14 14 권

기욱이는 파란색 색종이 8장, 노란색 색종이 6장을 가지고 있습니다. 기욱이가 가진 색종이는 모두 몇 장일까요?

8+6=14 14 장

냉장고에 사과 7개와 배 4개가 있습니다. 냉장고에 있는 과일은 모두 몇 개일까요?

7+4=11 11 개

60 소마셈 - P7

P 62 ~ 63

1주차 drill

10에서 더하기

□ 안에 알맞은 수를 써넣으세요.

10 + 2 = 12	10 + 4 = 14
10 + 3 = 13	10 + 1 = 11
10 + 6 = 16	10 + 5 = 15
5 + 10 = 15	7 + 10 = 17
8 + 10 = 18	6 + 10 = 16
10 + 9 = 19	3 + 10 = 13
4 + 10 = 14	9 + 10 = 19

62 소마셈 - P7

□ 안에 알맞은 수를 써넣으세요.

10 + 1 = 11	4 + 10 = 14
3 + 10 = 13	10 + 2 = 12
10 + 5 = 15	3 + 10 = 13
4 + 10 = 14	9 + 10 = 19
10 + 6 = 16	10 + 7 = 17
8 + 10 = 18	6 + 10 = 16
10 + 7 = 17	5 + 10 = 15

Drill - 보충학습 63

세 수 더하기

더해서 10이 되는 두 수를 찾아 □ 안에 알맞은 수를 써넣으세요.

7 + 3 + 6 = 16
4 + 5 + 6 = 15
9 + 3 + 1 = 13
9 + 8 + 2 = 19
3 + 7 + 2 = 12
1 + 9 + 3 = 13
5 + 5 + 6 = 16

2 + 8 + 1 = 11
7 + 5 + 5 = 17
6 + 4 + 2 = 12
5 + 8 + 5 = 18
4 + 4 + 6 = 14
3 + 5 + 7 = 15
6 + 1 + 4 = 11

더해서 10이 되는 두 수를 찾아 □ 안에 알맞은 수를 써넣으세요.

2 + 3 + 8 = 13
9 + 1 + 4 = 14
7 + 3 + 3 = 13
8 + 2 + 7 = 17
1 + 7 + 9 = 17
3 + 5 + 5 = 13
3 + 7 + 6 = 16

6 + 4 + 9 = 19
5 + 2 + 5 = 12
4 + 6 + 1 = 11
5 + 3 + 7 = 15
5 + 5 + 4 = 14
3 + 2 + 8 = 13
4 + 7 + 6 = 17

10을 이용한 더하기 (1)

뒤의 수를 갈라 10을 만들어 더하기를 해 보세요.

6 + 5 = 11
8 + 6 = 14
7 + 5 = 12
9 + 4 = 13
8 + 3 = 11
7 + 6 = 13
9 + 5 = 14

8 + 4 = 12
9 + 3 = 12
7 + 4 = 11
9 + 7 = 16
8 + 5 = 13
9 + 8 = 17
9 + 6 = 15

뒤의 수를 갈라 10을 만들어 더하기를 해 보세요.

4 + 7 = 11
8 + 9 = 17
4 + 9 = 13
7 + 5 = 12
8 + 6 = 14
9 + 5 = 14
8 + 8 = 16

6 + 5 = 11
8 + 3 = 11
7 + 7 = 14
6 + 6 = 12
8 + 4 = 12
7 + 6 = 13
9 + 9 = 18

P 68 ~ 69

4주차 drill

10을 이용한 더하기 (2)

앞의 수를 갈라 10을 만들어 더하기를 해 보세요.

5 + 7 = 12
2 + 9 = 11
5 + 8 = 13
4 + 7 = 11
5 + 9 = 14
4 + 9 = 13
6 + 9 = 15

3 + 9 = 12
4 + 8 = 12
6 + 7 = 13
6 + 8 = 14
7 + 9 = 16
3 + 8 = 11
7 + 8 = 15

68 소마셈 – P7

앞의 수를 갈라 10을 만들어 더하기를 해 보세요.

3 + 8 = 11
3 + 9 = 12
2 + 8 = 10
3 + 7 = 10
5 + 6 = 11
4 + 8 = 12
6 + 7 = 13

2 + 9 = 11
4 + 7 = 11
5 + 8 = 13
6 + 8 = 14
8 + 9 = 17
5 + 9 = 14
7 + 7 = 14

Drill – 보충학습 69